消費者も育つ農場

～CSAななしろ畑の取り組みから～

Katayanagi Yoshiharu
片柳義春

Community
Supported
Agriculture

創森社

収穫したばかりのニンジン

最大の生産物は「コミュニティ」
～序に代えて～

農業の魅力にとりつかれている人が増えています。私もその一人でした。人生の中間よりやや遅い時期に農業の世界に入って、農業の持つ可能性とむずかしさの両面を見てきました。農業を生業《なりわい》とすることは、多くの人が指摘するように、非常に困難をともないます。それでも農業には可能性があると確信し、その端緒をつかんだと思います。

15年あまり農場を運営してきて、有機栽培は技術的に問題ないどころか、安全で、しかも美味《おい》しい作物を得られることがわかりました。さらにそれ以上に大きな収穫がありました。それはCSA（Community Supported Agriculture）という考え方で、消費者も農場運営にかかわり、農産物を分かち合う方法を導入すると、新しいタイプのコミュニティが生まれるということです。

これはほとんど予期していなかった成果です。私は単に経理上の煩雑さを回避するためにCSA方式を取り入れたのですが、気がついたら消費者自給型のCSAという状態ができてしまったのです。コミュニティが農場を支えるというよりは、農業を核としてコミュニティが生まれたのです。さらに、そのコミュニティがまた新たな活動を始めていくという好循環が生み出されていきます。

日本は無縁社会になり、世界一寂しい国といわれています。とくに都市部ではコミュニ

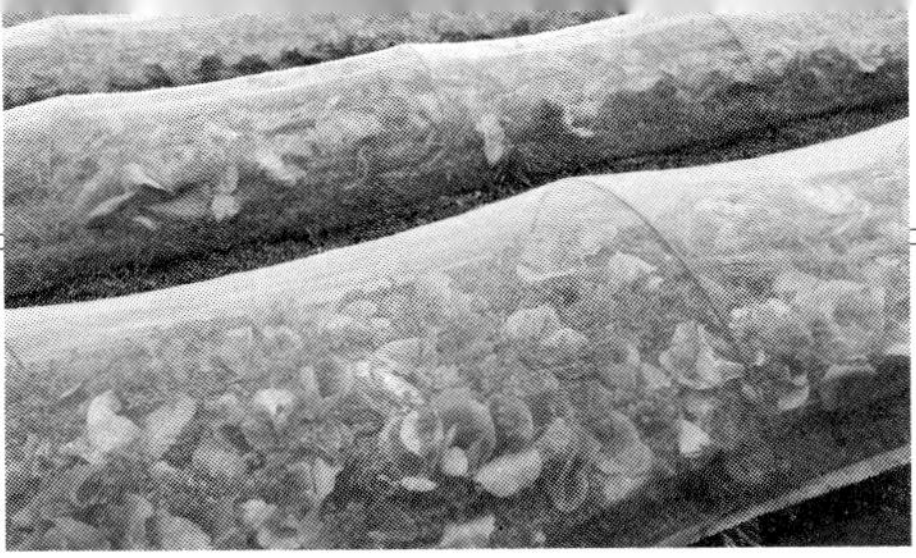

紅菜苔のトンネル（ネット）栽培

ティは、かならずしも形成されていいません。また、中山間地では過疎化などにともない、コミュニティが成立しにくくなっています。ＣＳＡの理念や種類、傾向などについて本文（第2章）、および巻末の解説（ＣＳＡ研究会代表・三重大学大学院の波多野《はたの》豪《たけし》教授執筆）で詳しく紹介しますが、私たちのようなトゥルー（本当の）ＣＳＡといわれる農場が逆にコミュニティをつくるのです。地域密着型のＣＳＡ農場には、一般の農産物を扱う巨大なスーパー資本などの流通業にはできないことを実現する大きな可能性があります。

さて、農業を個人的な営みでなんとかしようとすることは大変なことです。とりわけ有機農業は非常に困難な仕事です。そのことをわかっていただければ、有機農産物が高価になるのも理解できます。庶民には高嶺の花です。

しかし、そのうえで普通の庶民が安全で美味しい有機野菜をほどほどの価格で得ようとしたときに、それを可能にするのがＣＳＡです。簡単にいえば「庶民がみんなで力を合わせ、お金を出し合い、労力を出し合い、ＤＩＹで農業を始めよう！」というのが、なないろ畑型トゥルーＣＳＡです。だから活動的で、つねに周囲の人を巻き込み、成長していくのです。

今まで他人にすべてお任せだった人が、自分でなにかをつくり出していく人に変わっていきます。この連鎖反応が生じます。じつはＣＳＡにおいて人こそが財産であり、成果であると思います。コミュニティに参加する人たちが、農業という仕事を媒介として、能動的になっていく。生き生きとした人生を送っていくことが、ＣＳＡの真の成果だと感じて

週３回の有機野菜直売

います。

農業を通じて得られるものは農産物以外にいっぱいあることを、なないろ畑の活動でわかってきました。単に野菜を育てるだけでなく、人を育て、社会を育てる力がトゥルーCSA農場にはあります。こどもも、おじいちゃんやおばあちゃんも、障がいを持った人たちもみんなが参加でき、生き生きとしていく場所がCSA農場です。

欧米で広まっているCSAですが、日本ではかならずしも広がりをみせません。非常に珍しい実例として、たくさんの研究者や学生さんたちが論文やリポートを書くためになないろ畑に来ます。しかし、なないろ畑は、まだ発展途上で難問山積なのです。ですから、なないろ畑の今の状態を完成形としてとらえるのではなく、可能性の萌芽として観察していただきたい。さらに欲をいえば、改善すべき点を指摘して代案を指導していただければありがたいのです。

有機農業とCSAを学びたい人はぜひ、なないろ畑で研修してください。CSAのリアリティを肌で感じ取ってください。これから農業をめざす人も、地域興《おこ》しを考えている人も、私たちのCSA農場の経験を生かして、生産者はもとより消費者、地域住民、一般市民がともに土に触れ、農にかかわる時代をつくっていくことができれば幸いです。

２０１７年　寒露

片柳　義春

消費者も育つ農場 ～CSAなないろ畑の取り組みから～ ◎もくじ

もくじ

第3章 安心・安全・美味の野菜づくりの実際 71

第１章

農場運営を支える消費者、地域住民

　なないろ畑は、ＣＳＡといわれる会員制の農場です。たんなる産直ではなく、会員が農場の作業をいろいろ手伝っているのが特徴です。なないろ畑の仕組みと会員が担っていることについて具体的に紹介します。

農作業にはこどもたちも参加

なないろ畑の会員制度

いっしょにつくり分かち合う

　神奈川県大和市中央林間は、渋谷や新宿から私鉄電車で約40分という便利な立地条件で、東京都心のベッドタウンとして人気の新興住宅地。中央林間の駅から徒歩で7分、軒先にタマネギ、ニンニクが吊り下げられ、薪や農業用収穫コンテナなどが置かれている、まわりの住宅とはちょっと異質なプレハブの建物があります。「なないろ食堂 no-café」という看板、「有機野菜直売」を掲げた立て看板が目印です。ここが農業生産法人なないろ畑株式会社（以下、なないろ畑）の中央林間出荷場（以下、出荷場）です。

　なないろ畑は、都市近郊の座間農場（座間市・２４０ａ）、上草柳《かみそうやぎ》農場（大和市・44ａ）で、多品種の野菜を手間暇かけて有機栽培しています。そのため、ここの野菜は、スーパーや小売店に卸すなどの不特定多数向けには販売していません。なないろ畑は、本当に安全で美味《おい》しい野菜をみんなでいっしょにつくり分かち合おうという、ＣＳＡと呼ばれる仕組みの会員制の農業法人です。

　ＣＳＡの仕組みや考え方については第2章で詳しく紹介しますが、基本的には、会員には会費を支払ってもらったうえで、自分の得意なこと、できることでなんらかの作業に参加してもらい、その見返りとして一般的な有機野菜と比べて安価に季節の野菜セットをお渡しする、という仕組みです。

　つまり、なないろ畑の会員は、野菜を買ってくれる「お客さま」ではなく、農場の主旨に共感し、いっしょに運営してくれる仲間なのです。

晩夏の野菜セット（ミニトマト、白ナス、ナス、モロヘイヤなど）

そういう意味では、CSAを「農場の協働オーナー制」と考えてもらってもよいでしょう。

野菜セットの出荷と会費

なないろ畑では毎週火・木・土の3回、季節に応じた旬《しゅん》の野菜をセットにして出荷しています。会員は、いずれかの曜日を選び、週1回野菜を受け取ります。出荷場に受け取りに来てもらうのが基本ですが、受け取りに来られない場合は配送サービスもしています（近隣の方は農場配送便、遠方の方は宅急便。有料）。

1～12月の年決めの会員制度で、基本は1年分の会費を前払いしてもらいますが、月払い、半年払い、1～3か月払いを選ぶこともできます。この会費はたんなる野菜の代金ではなく、「自分がかかわる農場の運営にかかる費用」を分担してもらうという意味でいただいているものです。そのため、特別な事情を除いて、途中

野菜を仕分けして包装し、段ボール箱に詰める

でお返しすることはできません。
ちなみに、なないろ畑の1か月当たりの会費(2017年7月現在)はつぎのとおりで、MサイズとSサイズのコースを選択できるようになっています。
Mサイズ 1万1000円。消費税(8%)を加え、計1万1880円。
Sサイズ(Mサイズの3分の2の量) 8000円。消費税(8%)を加え、計8640円。

ボランティア作業

安全・安心な有機野菜をつくるのには、大変な手間と労力がかかります。なないろ畑の農作物は、会員のみなさんのボランティアで成り立っています。お願いしているボランティア作業にはつぎのようなものがあります。

仕分けと出荷(火・木・土の午前中) 作業は中央林間出荷場で各世帯に向けて野菜を仕分

図１－１　なないろ畑の仕組み

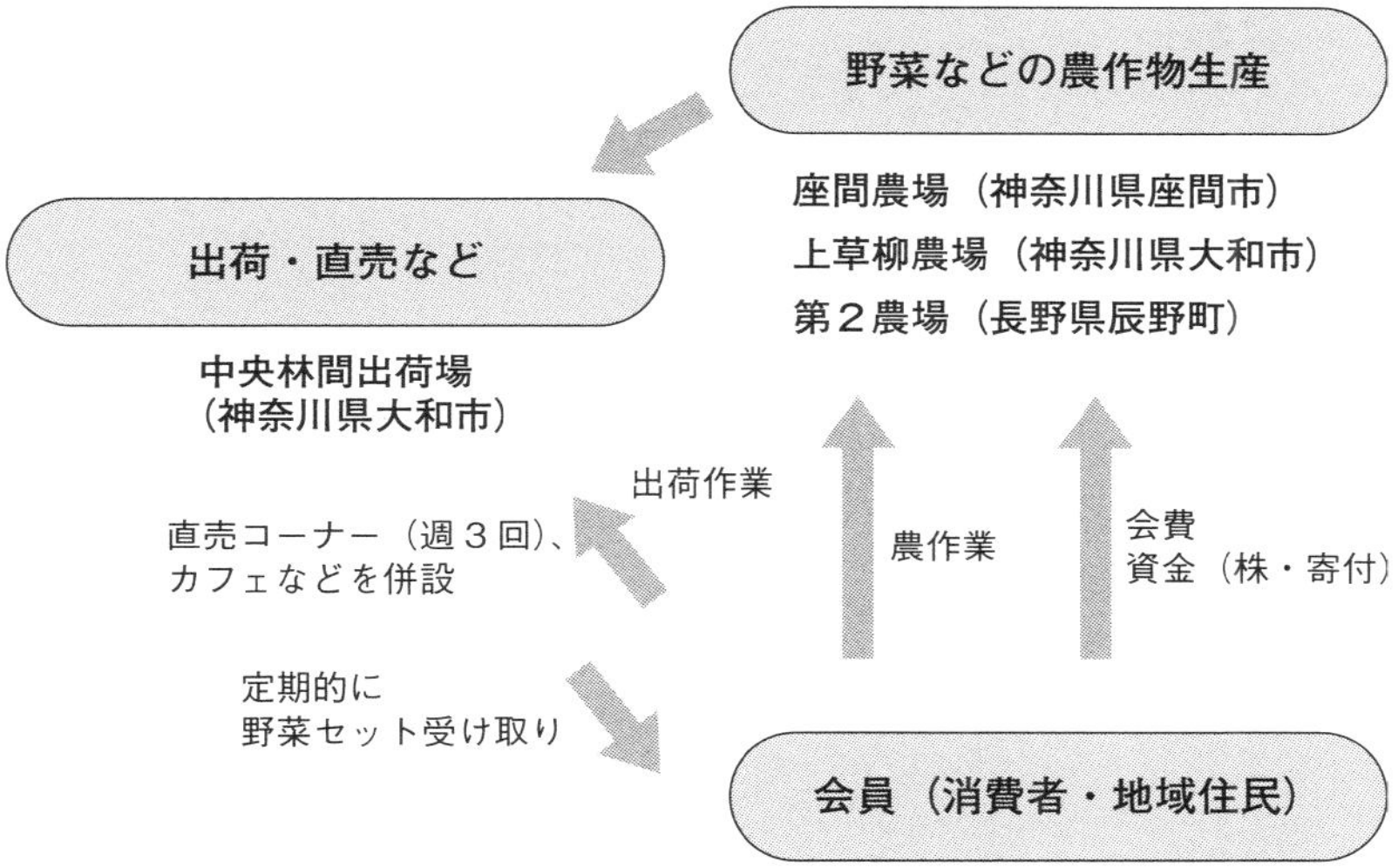

けします。

農作業（毎日、８：00～12：00、14：00～18：00） 作業内容はその時々でさまざまですが、どんな人にでもできる作業がかならずあります。なお、夏時間も組んでいます。

収穫作業（月・水・金の14：00～18：00） これも農作業と同じで、作業内容はその時々でさまざまですが、どんな人にでもできる作業がかならずあります（夏季は朝も収穫）。

直売（火・木・土の11：00～15：00） 出荷場前の直売所で、一般のお客さんに野菜を販売します。

その他（随時） 農場のパンフレットづくり、イベントの企画や準備など、いろいろな仕事があります。

こうした作業は、かつての農家では家族内で行われていた作業です。畑仕事はできなくてもお年寄りは野菜の選別をしたり、こどもが野菜を洗ったりしていたわけです。そうした作業も含めて、農家の仕事だったのです。第2章で詳しく紹介しますが、なないろ畑では、かつてのそんな農家の姿を、地域のみんなで再現していきたいと考えているのです。

出荷場の一日

野菜の仕分け作業

火・木・土の週3回の朝の9時ごろ、出荷場には、近所の主婦や定年退職したおじさん、学校を出たばかりの若い女性など、いろいろな人が集まってきます。

この人たちは、なないろ畑の社員ではありません。なないろ畑のいろいろな作業を手伝ってくれる会員やボランティアの人たちです。こうした人たちを、なないろ畑ではコアメンバーと呼んでいます。

三々五々集まってきた人たちは、世間話などを交えながら、前日の夕方や当日朝に農場で収穫された有機野菜を会員用に仕分ける作業を始めます。

まずは、出荷場のホワイトボードに指示されている、その日に出荷する野菜の種類と出荷サイズ（MサイズとSサイズ）ごとの分量に合わせて、葉物は重さを計ったり、果菜類の数を数えて、出荷サイズの分量に小分けして袋詰めしていきます。

小分けができたら、今度は流れ作業でそれぞれの野菜を組み合わせてセットにして、会員の名前をつけた袋や段ボール箱につぎつぎと詰めていきます。

けっしてきれいにパッケージされるわけでは

キュウリ、オクラ、空心菜などを小分けする

なく、見た目は無造作そのものですが、これも一般の有機野菜よりも安い価格で販売できる理由ですし、野菜の味に変わりはありません。

このセットには、野菜といっしょに、ベビーリーフ収穫券やイチゴ収穫券など（第5章で詳述）が入っていることもあります。この収穫券も会員の手づくりです。

12時ごろ、仕分け作業が終了したころから、会員が出荷場に野菜セットを受け取りに来はじめます。出荷場に受け取りに来られない会員には、配送のサービスもしています。この配送作業もパートさん（年金生活者の方々）が自家用車で行くことになっています。さらに遠隔地には宅急便で送ります。

直売所で野菜販売

野菜セットをつくって余った野菜は、出荷場に併設している直売所で販売していて、年間

7月	根菜・土物類	ジャガイモ、タマネギ、ニンジン、間引きゴボウ、ミョウガ
	葉茎菜類	ニラ、青ジソ、バジル、シュンギク、モロヘイヤ
	果菜・豆類	ズッキーニ、枝豆、トウモロコシ、キュウリ、トマト、ナス、シシトウ
	その他	ブルーベリー
8月	根菜・土物類	ジャガイモ、タマネギ、間引きゴボウ、ミョウガ、ニンニク
	葉茎菜類	青ジソ、モロヘイヤ、空心菜、バジル、ニラ
	果菜・豆類	ナス、トマト、キュウリ、ピーマン、シシトウ、枝豆、カボチャ、オクラ、スイカ
9月	根菜・土物類	ジャガイモ、タマネギ、ニンニク、ミョウガ
	葉茎菜類	モロヘイヤ、空心菜、穂シソ
	果菜・豆類	オクラ、キュウリ、ナス、トマト 、カボチャ
	その他	丸麦
10月	根菜・土物類	ジャガイモ、ミョウガ、タマネギ、ニンニク、カボチャ
	葉茎菜類	カブ間引き菜、ニンジン間引き菜、シュンギク、コマツナ、ミズナ、ダイコン間引き菜、ホウレンソウ
	果菜・豆類	オクラ、キュウリ、ナス、カボチャ、ズッキーニ、ハヤトウリ
	その他	紫蘇茶
11月	根菜・土物類	タマネギ、カブ、ジャガイモ、サトイモ、葉つきニンジン
	葉茎菜類	シュンギク、ニンジン間引き菜、ホウレンソウ、ダイコン間引き菜、コマツナ、カブの間引き菜、ミズナ、ベビーリーフ、長ネギ、コマツナ
	果菜・豆類	ズッキーニ、ナス、カボチャ、ハヤトウリ
	その他	レモングラス、ダイコン干葉
12月	根菜・土物類	カブ、ダイコン、サツマイモ、サトイモ、ニンジン、ラディッシュ、ゴボウ、赤カブ、聖護院ダイコン、ハヤトウリ
	葉茎菜類	シュンギク、ベビーリーフ、ホウレンソウ、長ネギ、べか菜（山東菜の若採り）、ターツァイ、ターツァイ間引き菜、カブ間引き菜、ベビーリーフ

表1－1　セットで出荷された野菜などの一覧

(2016年の例。月ごとに発送された野菜をまとめたものです。各週ですべての野菜が発送されたわけではなく、週ごとに組み合わせてセットします)

1月	根菜・土物類	ダイコン、カブ、ニンジン、ジャガイモ、サツマイモ、ゴボウ、サトイモ
	葉茎菜類	ブロッコリー　芽キャベツ、タカナ間引き菜、松本一本ネギ、ホウレンソウ、キャベツ
2月	根菜・土物類	ジャガイモ、ニンジン、ゴボウ、サトイモ、サツマイモ、ニンニク
	葉茎菜類	ハクサイ、松本一本ネギ、九条ネギ、芽キャベツ、タカナ間引き菜、キャベツ、ブロッコリー、紅菜苔、ホウレンソウ
	その他	キンカン
3月	根菜・土物類	ニンジン、ジャガイモ、サトイモ、カブ
	葉茎菜類	ホウレンソウ、キャベツ、ノラボウ菜、九条ネギ、イタリアンパセリ、ダイコン葉引き菜、ハクサイ菜花、フキノトウ、紅菜苔、コマツナ、ブロッコリー
4月	根菜・土物類	カブ、ニンジン、ダイコン、サトイモ
	葉茎菜類	ブロッコリー、コマツナ、九条ネギ、ホウレンソウ、チンゲンサイ、ハクサイ菜花、ミズナ、レタス、コマツナ、タカナ、ニンジン間引き菜、イタリアンパセリ、ニンジン間引き菜、シュンギク
5月	根菜・土物類	カブ、タマネギ、ラディッシュ、ニンニク
	葉茎菜類	フキ、チンゲンサイ、シュンギク、ニンジン間引き菜、ミズナ、葉タマネギ、レタス、ニンニクの芽、チンゲンサイ、ミズナ、べか菜（山東菜の若採り)、フキ
	果菜・豆類	スナップエンドウ、イチゴ
	その他	ドライ・カモミール
6月	根菜・土物類	ジャガイモ、タマネギ
	葉茎菜類	シュンギク、ブロッコリー、薬味ネギ（九条ネギの脇から出てきた若芽)
	果菜・豆類	ズッキーニ、キュウリ

200万円くらいを売り上げています。

野菜セットに入っていないものが並んでいることもあり、野菜セットを受け取りに来た会員が追加で買っていったり、近所の住民が通りすがりに買ってくれたりもしています。そして、この直売所でお客さんと対応しているのも、会員やボランティアの方々で、野菜を買いに来たお客さんに、なないろ畑の仕組みや、その野菜の美味しい食べ方などを説明します。

直売所に並んだ野菜と、それを販売する会員やボランティアは、いわばなないろ畑の宣伝部隊。スーパーでは手に入らないようなとれたての野菜ですし、安全性や美味しさには自信がありますから、有機野菜に関心があったり「なないろ畑って、なにをしているんだろう」と思っている人たちに直売所を通じて私たちがつくった野菜を試食してもらえれば、やがていっしょに野菜をつくる仲間になってくれるのではないかという思いもあります。

毎回のぞいてくれるようなファンもいて、近所のこどもが友だちと自転車で通りがかったときに「ここの野菜、美味しいんだぜ」って言ってくれたりしているのを聞くと、うれしくなります。

「直売所で買えるのならば、作業に参加しなければならない会員にならなくてもいいんじゃないか」という人もいるかもしれませんが、野菜セットの中身を見れば、こんなにたくさんの野菜が入っているのかと驚きます。

情報発信装置として

直売所で買うよりも圧倒的に会員のほうがお得なのです。先日もアメリカのCSAを10か月も取材してきた新聞記者の方が、なないろ畑の見学に来て、なないろ畑の野菜は安いというけれど、アメリカのCSAと大差ないではないか

出荷場前の直売所。一般の人でも買い求めることができる

と疑問を持たれていました。でも、実際のななろ畑のSサイズの野菜セットの中身を見て、安いということを納得してお帰りになりました。

会員制原理主義者の方から直売所不要論が出たりもします。しかし、毎週野菜を買うことがむずかしい人も実際にはいっぱいいるわけで、そういう人たちにもなないろ畑にかかわっていただくために直売所は必要な発信装置だと思います。

さて、旬の野菜をじゃんじゃん野菜セットに入れて出荷しているなないろ畑ですが、この野菜の出荷量もその野菜のそのときのでき・不できで左右されます。豊作のときは当然分け前がふえます。不作のときは分け前が減ります。この変動リスクも会員には説明しないといけません。収穫物はみんなで山分けにするというのがこの農場の仕組みだからです。

けれども実際にはこのことが、会員を苦しめていることも事実です。分け前が少ないときはいいのですが、多いときは食べきれなくて、捨てることになって申しわけない、もったいないと思って会員をやめる人が多いのです。

これはアメリカのCSAでも同じだということです。この問題については第5章で解決策を提案していきたいと思います。ともあれ、出荷場前に設置する直売所は、なないろ畑の現金収入の柱と野菜そのものから出るオーラを使った非常にすぐれた情報発信装置であるといえます。

畑ランチで野菜のできを確認

出荷場のなかは「なないろ食堂 no-café」の看板が出ていることからわかるように、ちょっとしたカフェスペースになっていて、各種イベントも行えるように整備されています。炊事場にカウンター、テーブルが並び、真ん中にある薪ストーブはシンボル的存在です。冬場にはこのストーブで薪を焚いて暖をとり、その灰は畑にミネラル肥料として還元しています。

お昼近くになると、仕分け作業などをしていた数人が持ち場を離れて料理を始めます。材料は、仕分けで残った野菜や、セットには入れられない傷物など。昼になって農場から農作業部隊がいったん帰ってくるころには、カウンターに何種類もの料理が並びます。

みんながそろったら、カフェテリア方式でのお昼ごはん。スタッフとボランティアが畑ランチを食べています。

この畑ランチは、みんなで食卓を囲むということだけでなく、野菜のできを確認したり、会報やウェブサイトに掲載する野菜レシピの試作発表の場でもあります。

みんなで食事をしながら、わいわい意見を出

集会後の食事タイム。野菜レシピの試作発表の場にもなる

し合うことが、こうしたCSA農場ではなによりも大切な時間です。

この畑ランチを充実させていけば、自然にないろ畑の食堂のメニューになるはずです。ついでにいうと、理想はここに地域通貨を絡めることです。会員・非会員を問わず、「1労働時間券」があればランチ代300円。持っていない人は600円。これは農場のために仕事をした人が報われる仕組みです。

畑ランチは、農場の旬の野菜をどんどん食べてもらうためのレシピが大事です。この点はまだなないろ畑が十分できていない点です。ヨーロッパのCSAでは、すぐれたシェフがレシピをつけて野菜を出荷しているところが大繁盛しているそうです。

レシピはCSAを成功させるための重要なアイテムといえます。実際、このレシピ紹介作業もコアメンバーが「なないろ畑いただきます」

出荷場前でサツマイモを広げ、天日乾燥

というフェイスブックページをつくり、スタートさせています。

各種イベントやパフォーマンスも

出荷場は住宅街の真ん中にありますから、そこでなにかをしていれば、近所の人や通りすがりの人の目を引きます。なないろ畑では直売所だけでなく、そうしたイベントやパフォーマンスも、宣伝の一環として大事にしています。

例えば、サツマイモは収穫後に時々干してあげないと、腐ってしまったりします。そうしたものを取り除く作業を、わざと集荷場の駐車場で行っています。

住宅街の一画にサツマイモが広がっている光景はちょっと異質で、多くの人が目を留めて、声をかけてくれます。麦の脱穀作業を行うこともありますし、会員のレクリエーションも兼ねて餅つき大会も年に3回くらい行っていて、これはこどもたちにも大人気です。

　また、半年に一度くらいのペースで、「なないろマルシェ（市《いち》）」を開催しています。なないろ畑の作物だけでなく、それらを料理しての食べ物屋、また、なないろ畑には会員が自主的に活動しているサテライト・グループがあるのですが、そのグループがつくったものや加工品などが並び、これらは入場時に現金から替えた地域通貨でやりとりすることができます。

　さらには、地域のバンドや合唱団なども出演して盛り上げてくれています。こうした場での出会いから、どんどん新しいつながりが生まれ

出荷場前は餅つきイベントの会場に

食・農・環境分野などの映画の上映会を開催

大にぎわいの豆腐づくり講習会

ています。

　消費者にたいする情報発信という意味では、ドキュメンタリー映画の上映会や講演会、料理教室などの開催もこのないろ畑の出荷場兼食堂で開いています。農薬や遺伝子組み換え作物の問題のみならず、原子力発電の問題や新しいライフスタイルを紹介する映画なども上映しています。

　会場が食堂を兼ねていますので、映画会や講演会のあとは、すぐに懇親会場に早変わり。厨房カウンターには料理が並びます。農場でとれた野菜がみごとな料理に変身してふるまわれます。なんとも便利で楽しい出荷場兼食堂といったところでしょうか。

　この出荷場からも会員同士はもちろん、参加者や地域住民、一般市民など新しい人と人との出会いが生まれています。

会員に支えられている農場

地域の農業と環境への関心

　ないろ畑は、コアメンバーを中心とした会員で成り立っている農場です。

　以前、本書巻末にも解説文を寄稿していただいているＣＳＡ研究会代表・三重大学大学院の波夛野《はたの》豪《たけし》教授の研究室の学生さんが「地域の農業を支える消費者像——ＣＳＡと産消提携の比較から——」という論文を書くために、ないろ畑を取材してくれたことがありました。

　その論文では、ないろ畑の会員の入会動機に他の団体とは違う傾向が見えることが指摘されていました。

「安全で品質のよい食べ物が手に入るから」と

いう回答が最も多いのは他と同じなのですが、他の団体では75％以上と圧倒的だったのにたいして、なないろ畑では43％と、それほどでもありません。

そのかわり、別の回答割合が他の団体ではどれも10％を超えなかったのにたいして、「地域の農業を支えたいと思ったから（20％）」「環境に配慮した方法でつくられた食べ物が手に入るから（11％）」なども多くなっています。

楽しいサツマイモ掘り作業

とくに「その他（18％）」の多さが目立ち、その内容として「生産者の人柄・考え方に共感したから」「畑の野菜に直接かかわれるから」「地域に有機農業が根づくのを応援したいから」といった回答があったことが具体的に紹介されています。

そうしたことから、この学生さんは「（会員による）運動的な側面も持っているといえよう」としています。

稲わら運びは人海戦術で

農作業は驚きの連続で新鮮

　現在のなないろ畑の考え方や運営の根源となっているのは、２００２年に私が始めた「とらぬ狸のいも畑」という農場と、そこで取り入れていた「とらぬ狸のいも債券」という地域通貨を使うスタイルでした。コアメンバーの多くは、その当時からのつきあいです。

　そのうちの一人に、なないろ畑で作業を手伝ってくれていることについて、その意識を聞いていました。

「自分たちのものは自分でつくるということが始まりなので、作業をすることも、じつはボランティアをしているという意識はありません。片柳さんが全部やるのはとても無理だから、勝手にやっているという感じかな。作業がお金で換算されるわけではないから仕事とも言えませんが、おかあさん業だって仕事だけれどお金はもらえないのですから、同じようなことなのではないでしょうか。出荷場での作業もそうですが、とにかく農作業は楽しいですね。知らないことばかりなので驚きの連続で、毎回新鮮です。だれかといっしょに働くという経験も含めて、現代人に不足している経験が、なないろ畑にはあると思います。みんなでつくった野菜だから、その美味しさも2倍、3倍です。農作業に参加するのは勇気がいるかもしれませんが、カフェなど農場につながる入り口もできてきたので、もっとたくさんの人に経験してもらいたいですね」

　なないろ畑は、そんな会員たちに支えられているのです。

第2章

CSAの考え方となないろ畑の展開

相撲の世界などで「心技体」という言葉がよく使われますが、農業にもそれは当てはまると考えています。「技」は農業技術、「体」は農場の経営システム。そして最も大切な「心」は、農業への理念や想い。その「心」の部分を紹介します。

なないろ畑のマスコット「ポテ吉」。サツマイモに埋もれる

なないろ畑のCSA

CSAは「消費者参加型農業」

CSAは、Community（共同体・地域社会）、Supported（支援する）、Agriculture（農業）の頭文字をとったものです。

よく「地域支援型農業」と訳されていますが、これだと「地方自治体が支援しているのかな」と誤解されてしまい、かならずしも現状には合っていないと思います。なにより現在の日本の地域コミュニティは崩壊の傾向にあり、地域コミュニティがかならずしも農業を支援できる状況になっていないのです。

中山間地か都市近郊かといった立地条件にもよりますが、私のところではCSAを「消費者参加型農業」ととらえており、消費者がそれぞれのかたちで農業にかかわることが、コミュニティをつくりだすきっかけになるのではないかと考えています。

なないろ畑はトゥルーCSA

CSAの基本的な特徴は、①会員制、②会費前払い、③会員は野菜セットを定期的に受け取る（シェア）という三つの要素を備えていることです。

こうしたスタイルをとっているCSAは、「ボックススキーム型（産直型）CSA」（あるいはコマーシャルCSA、ビジネスCSA）ともいわれます。これらの要素に加えて、④会員が労働力や資金を提供するという要素が加わったものは、「トゥルー（本当の）CSA」といわれています。なないろ畑は、このトゥルーCSAです。

図２－１　CSA の運営タイプと特徴

◆CSA の運営タイプ

- **生産者主導型**　＝　生産者の呼びかけで消費者が参加
- **中間型**　＝　生産者と消費者が協力して運営
- **消費者参加・主導型**　＝　消費者が中心になって農場を運営

◆CSA の特徴

１、会員制（１年ごと、１シーズンごと）である
２、会費（代価）は事前に支払う
３、収穫物の野菜などのセット（シェア）を定期的に受け取る
４、消費者から運営資金の拠出、農作業・出荷作業などの労力提供

ボックススキーム型ＣＳＡは、会員になってお金を払うと定期的に段ボール箱に入れられた野菜セットが送られてくる仕組みですが、そこに会員同士のつながりはありません。

例えば、大手の流通事業体である「オイシックスドット大地（大地を守る会とオイシックスが統合）」や「らでぃっしゅぼーや」の会員同士が知り合いといった話は、あまり聞いたことがありません。もちろんそれが悪いということではなく、そういうスタイルのビジネスモデルだということです。

なないろ畑のＣＳＡは、会員に前払いで会費を払ってもらい、年間約50回の野菜セットを出荷しているところまではボックススキーム型ＣＳＡと同じですが、それに加えて、会員に農作業や仕分けなどの作業を手伝ってもらったり、株券の購入や寄付などを通じて資金援助をしてもらっています。

つまり、なないろ畑の会員はたんなるお客さまではなく、「なないろ畑は自分たちの農場」という意識を持った同志であり、みんなで力を合わせて農場を運営していくというスタイルをとっています。いわば「協働オーナー制の農場」のようなものであり、それがトゥルーCSAなのです。

理念は「エコロジー型社会の実現」

ボックススキーム型CSAの会員もトゥルーCSAの会員も、安全で美味しい野菜を求めている人たちであることは同じでしょう。そのうえで、力を合わせて農場を運営していく同志というトゥルーCSAとしての関係を築くためには、農場の理念や考え方を共有してもらうことが大切になります。

なないろ畑は、理念として「エコロジー型社会の実現」を掲げています。そのためには、エコロジー型社会の要《かなめ》となる第1次産業の本来の正しいあり方を模索し、復権させていくことが大切だと考えています。

平たく言えば、私は「農家はつくる人」「消費者は食べる人（野菜は買うもの）」という従来の農業と消費者との関係を変え、「野菜は自分たちで育てるもの」といった意識を醸成していきたいのです。なないろ畑は、そんな社会づくりの実践、実験の場でもあるのです。

有機農業の壁にぶつかり気がついたらCSA

今までの有機農業ではもう限界

農業には安全な食料を生産するとともに安定的に供給し、さらに自然環境や社会環境を保全するという基本価値があります。人間が生きていくための根幹となる産業ですから、どんな時代が来ようが揺るぎない産業であるはずです。しかし、現在の日本の農業を取り巻く状況はひどいものです。

「汚い・きつい・危険」もしくは「汚い・きつい・稼げない」の３Ｋという言葉は最近あまり聞かなくなりましたが、農業がそういう仕事だととらえられていることに変わりはありません。３Ｋ仕事であるにもかかわらず民間サラリーマンの平均給与の３分の１以下の収入しか得られない、報われない仕事です。

結果としてここ数十年、農業は慢性の後継者不足、労力不足が続いており、私の周囲を見回しても70～80歳代の高齢者が主力となって農業を支えているのが現状です。国内版の「アン・フェアトレード」状態にあるといってもよいでしょう。

とくに手間のかかる有機農業はとにかく儲からず、私が知るかぎり、どこの現場もボロボロの状態です。なんとか年間２００万円の農業所得を確保するのが精いっぱいなのではないでしょうか。さらに２０１１年の東京電力福島第一原子力発電所の事故（原子力災害）が、その状況に追い打ちをかけています。

農家がなんとか暮らしていけているのは、民間サラリーマンの給与との差である残りの３分の２の部分を、農家のおじいさんやおばあさん、奥さんやこどもたちといった家族が、仕分けやパッキング、市場への配送といった作業を無償で行っているからです。

高度経済成長期の日本の下町にたくさんあった町工場は、１階が作業場、２階が住居になっているような小さな工場がほとんどで、家族総出で働くことで安くて良いものをつくり、それが当時の日本経済を支えていましたが、そうしたスタイルは時代遅れとなり、大企業に、そして海外の安い労働力に打ち負かされてしまいました。それと同じことが、農業では今でも続いているのです。

マイナスからのスタート

第4章で、なないろ畑のこれまでの経緯を詳しく紹介しますが、CSAを始めたのは、有機農業それ自体が、じつに経営的にむずかしい生業《なりわい》だと感じたからです。

世間では、牧歌的なイメージで農業をとらえる方が多いのも事実です。『アルプスの少女ハイジ』のような生活を思い浮かべる人も多いでしょう。スローライフとかロハスとかいう言葉で一時は大いに盛り上がった有機農業ですが、現実は大違い。生活保護の人たちの支給金額とたいして変わらない収入です。ここから保険や年金の支払いなどを差し引けば、なかなか根性がないとやっていけない仕事です。

私自身は第2次産業から農業に入ってきたのですが、これほどひどい業種は他にないと思います。状況を見れば明らかです。後継者がいないし、若い人たちはどんどん他産業に移ってしまっています。そんな厳しい状況にもかかわらず、牧歌的な幻想が一人歩きしているのが、有機農業の世界なのです。

16年前に有機栽培を始めたときに最初にぶち当たった壁が、有機農業なんかできっこないという頑迷な固定観念でした。まず、これをぶっ壊すことに5年かかりました。当時、神奈川県内には有機栽培農家はわずか数軒しかなかったのです。

神奈川県立かながわ農業アカデミーを卒業後、OB（先輩）として毎年春と秋に開催されるお祭りになないろ畑の野菜の販売をして、先生や生徒にこの有機栽培野菜を見てくださいと

著者（中央）が畑で視察者に土づくりを説明する

言い続けました。「なにか問題がありますか？」とピカピカの有機栽培の野菜を見ていただきました。

近所のＪＡの支店にも野菜を持っていって見てもらいました。ＪＡ支店長「片柳さん、これ何回農薬かけたんですか？」私「ゼロです」ＪＡ支店長「信じられない」というようなやりとりを繰り返し、県や市の職員、ＪＡ、近隣農家、そして消費者の意識改革を行ってきました。消費者がいちばんむずかしかった。というのも私が所属していた生協でも、農家との提携を大事にしていました。ところが、その大事にしていた農家の代表格の人が「南関東では有機農業はできない」と生協の組合員たちに喧伝《けんでん》していたからです。

その後、なないろ畑は「認定就農者」として地域の中核農家の枠にも入ることができ、神奈川県で有機農業を研修できる農場としても認められるようになったのです。国会で有機農業基本法が制定され、各県でも有機農業推進政策を実施することになり、検討するワーキンググループにもメンバーとして参加しました。

数少ない有機栽培農家をまとめて「有機農業ネットワーク神奈川」を創設し、有機栽培農家の声を神奈川県にぶつけるための組織をつくりました。神奈川でも有機農業をやっているんだ、という声を消費者にも発信し始めました。さらに件《くだん》のかながわ農業アカデミーでも有機農業の講師として講義をしていますし、2015年には農水省の環境保全型農業推進コンクールでも関東農政局長賞をいただくことができました。

このように、なないろ畑はゼロからのスタートというよりマイナスからのスタートだったのです。今から見ると、我ながらよくがんばれたと思います。こんなしんどいことをやってこられたのも、「このままではだめだ。エコロジーの時代をつくりたい」という気持ちがどこかにあったからです。

こういう考え方に共感した消費者がコアメンバーになって、支えてくださったことが、このなないろ畑がここまで試行錯誤しながらも続けてこられた大きな要因だと思います。

気がついたらCSAに

なないろ畑は正直な話、今も冥府魔道をさまよっている感じがします。だれもやっていない領域に足を突っ込んで、七転八倒。やってみなけりゃわからない、出たとこ勝負の実験農場のようなところがあります。

失敗の連続ですが、これがけっこう勉強になっていて、16年目になるともうだれもやったことのない経験が積もり積もって、今回のように本を著すことになるわけです。

収穫したばかりのダイコンと赤カブ

だれかにアドバイスを受けたいのですが、日本でＣＳＡをやっている人がほとんどいないのです。自己流で、フロンティアとしてやっていくしかありません。失敗談もどうか参考にしていただければ、ありがたいと思います。

それで失敗を失敗として公開してきたので、それを知った人たちが見かねて応援に来るという側面もあります。別名「見かねた農場」と呼ばれることもあり、「同情するなら金寄こせ、手伝いに来い、野菜買ってくれ！」という説教強盗か、押し売りかという、ふざけた農場だなぁ、と見られたかもしれません。

なないろ畑の最初は、普通のよくある新規就農者のパターンで、できた野菜を小さな自然食品店４店舗に卸していました。売り上げ的にはとても食べていける数字ではありませんでした。同じ野菜を続けて栽培すると、病気や害虫がふえるいわゆる「連作障害」が起きるので、いろいろな野菜をつくり回していきたいのです。これを農業のほうでは「輪作」といいます。いろいろな野菜をつくってもかならずしも自然食品店で買ってくれる保証はないのです。このあたりもむずかしいところです。

八百屋さんへ野菜を卸すのもメリットとデメリットがありますので、一概に良い悪いはいえませんが、やはり今は自然食の八百屋さんも他の商店街のお店と並んで力を失ってきています。そこには大規模ショッピングモールのように商店街をつぶしている組織があるからです。巨大な生協（私も組合員でしたが）、オイシックスドットやらでぃっしゅぼーやをはじめとする巨大な自然食品流通業者、流通事業体が、私たちの前に厳然としてあるわけです。

全国、いや世界じゅうから食べ物を集めてきて、一年じゅういろいろな野菜をとりそろえています。一万何千アイテムという商品を扱っている巨大流通業に年間80品目しかない野菜を扱っている私たちの小さな農場が太刀打ちできるとは思えません。実際にそうした流通業の傘下に入って野菜を生産・出荷するという選択肢もあるかと思います。

でもそうしなかったのは、やはり、新しい時代をつくりたいという思いがあったからこそです。そうしたときに、従来の産消提携の会員制農場を発展させてこのＣＳＡにたどり着いたのです。「気がついたらＣＳＡ」になっていたのです。

生協にも農業の専門家が必要

ある初夏の日、生協に卸している農場でトウモロコシのもぎ取り会がありました。農場見学も兼ねて行ってみましたが、帰ってくると身体に「じんま疹」のようなものが出て困ったことがありました。私はハッと気がつきました。トウモロコシの農薬のことです。

私の近所に20年以上有機栽培をやっている農家の方がいますが、じつは有機農業に路線を変えた理由が、このトウモロコシの農薬による中毒で失明寸前にまでなってしまったことなのです。このとき、私は普通の農家がトウモロコシに使う農薬や農薬のまき方を知っていましたので、これは農薬だと確信しました。私は身体が日焼けして真っ黒ですが、これでもすごく皮膚が敏感で、化学物質にやや弱い体質です。

だから農薬の「リトマス試験紙」のようだと思っているくらいです。そのこともあって有機農業をやっているのですが、ともあれ、そのときはトウモロコシの農薬が、直近の雷雨で溶けて蒸散したのだと思いました。

農家の人以外は知らないのですが、トウモロコシの農薬のやり方は変わっています。トウモロコシにはアワノメイガという非常にやっかいな害虫がいます。こいつはトウモロコシの茎や実に穴を開けて入り込み、食ってしまうので、一度入り込まれると薬もかかりにくく、めんどうな害虫です。

そこで農家はなにをするかというと、農薬をクレンザーやクレイジーソルトの筒みたいなものに入れて、トウモロコシの葉のつけ根の茎と葉で囲まれたポケットのようなところに、サッサッとふりかけて入れるのです。雨が降るとそれが溶けて葉や茎の表面から吸収され、その毒が体じゅうに充満して、アワノメイガなどの害虫を殺すのです。これを「浸透移行性」の毒といいます。

消費者は毒を害虫の身体に吹きつけて殺していると思っていますが、今はそんなのんきなことをしていません。よくキャベツやハクサイなども外葉をむけば安心だと思っている消費者がいっぱいいます。しかし野菜に殺虫剤をまくと神経毒性、残留性、浸透性などの問題があり、生態系にも影響をあたえているネオニコチノイド系農薬などがどんどん出回ってきていることを知らない人が多いのです。

この農薬は収穫3週間前からは使ってはいけないとあります。ですから3週間前にまかれたのでしょう。でも、その収穫予定日の前日まで雨が降らず日照りでした。収穫前日に夕立があったので、私の見立てでは、その夕立の水で、トウモロコシの葉のつけ根にまいてあった農薬がはじめて溶け出したのです。暑さで蒸散したのでしょう。

私はトウモロコシ畑から一刻も早く出たい気分でした。こんなことを言ったら、ご親切にあとで生協本部のほうに伝えてくれた方がいました。生協でも農薬に関して詳しくわかっている方がいないということもわかりました。普通の主婦たちだけではとうてい知るよしもないでしょう。もっと農業の技術解説もできる専門家を置いてほしいと要望しました。

協同組合の原点を見直す

今は巨大な生協も、もとは本当に消費者が集まってつくった共同購入組織です。でもいつの間にか消費者から乖離《かいり》してしまい、本末転倒の組織の論理が優勢になっているように思います。私はもともと生協活動に関心があり、応援していました。生協内で組合員たちが地域通貨活動を始めたときも参加していました。

その地域通貨のメーリングリストで私は、「若い会員さんがふえていかないのは問題です」という話が出てきたときに「この生協は鶏肉や豚肉には力を入れているけれど野菜は評判が悪い。こんな状態だと大地を守る会やらでぃっしゅぼーやに生協組合員さんは移ってしまうのではないか」と書き込んだのです。

カブを積んだ軽トラが出荷場前に到着

そうしたら今までずっとひそかにログしていた幹部組合員に「あなたは反組織的な存在だ」などと書き込まれ、大いに驚いたことがありました。私はせっかくこの生協のために意見を述べたつもりだったのに、こういうレッテルを貼られてしまい、心底落胆しました。でもそんなことにはめげずに、この生協とつきあっていました。

こんな生協でしたが、最近は産地を指定したりして少しずつ改善はしているようです。でも私のほうはすっかりこの生協のブラックリストに載ってしまったようです。私のまわりにいる人は、私が悪気があって言っているのではないことをよく知っていますので、今でもなないろ畑を応援してくれています。

なないろ畑がやっていることを見ると、本当に原始的な協同組合だと思います。株式会社形態をとっているので、営利事業じゃないかと思う人がいるかもしれませんが、まるで儲からないけれど食料生産という社会的に必要とされる活動をしているのです。

地域通貨についてもビックリさせられます。協同組合の祖といわれる1800年代のイギリスの社会改革家で実業家のロバート・オウエンと同じ時間債券を発行しているのですから。これもあとから知ったことですが、気がついたら、ロバート・オウエンと同じことをやっていたわけです。なないろ畑のことをある人が「周回遅れの最先頭」だと言っていますが、それも当たっている気がします。資本主義が行き詰まって、ヨーロッパではこれからは協同組合時代だといわれていますが、日本でも同じです。

もう一度協同組合の原点を見直し、原型に戻っていくことが新しい時代の組織のあり方を模索することになるのではないかと予感しています。なないろ畑は株式会社の形態をとってはいますが、内実は協同組合を志向しているのだと思います。

さまざまな試練を乗りきるために

なないろ畑はCSAを始めたあとも、会費だけでは十分な収入がないことや、豊作のときの余剰野菜を現金に換えたいこともあって、繁華街で販売したり、大きな直売所に野菜を出荷したりもしました。このような、有機栽培農家がやっていることはたいていやってきましたが、でも本当に厳しい経営からは脱出できませんでした。

例えば、余剰の有機野菜を都会（東京の世田谷区三軒茶屋や横浜そごうデパート裏の高級マンション街など）に運んで露店販売を5年半もしました。3時間で5万円くらいの売り上げになることもよくありましたが、そのための準備は大変です。まずは前日の土曜日、ワンボックスの車いっぱいになるくらいの野菜を、当時は二人がかりで収穫してパッキングしていたのですが、これだけで夜中の2時くらいまでかかってしまいました。

とくに、都会で売るとなるとおしゃれなパッキングが不可欠だったりするのですが、この作業に余計な時間がかかってしまうのです。結局まともに寝ることもできずに日曜日の朝になり、出発して、出店準備をして、12時から3時くらいまで販売し、集計をして帰ると、もうすっかり夜になっています。つまり、丸2日を費やしてしまっているわけです。

二人で農場をやっていたとすれば1週間で14労働人工《にんく》になりますが、都会で週1回野菜を売るためにまる2日使ってしまうとなると、そのうち4労働人工が減ってしまいます。残り10人で農場を回すというのは、労力的に成り立ちません。そんなことで、都会での野菜販売はやめてしまいました。

このようにCSAが始まったからといって、すぐに万能薬のように効くわけではありません。予定の会員数が満たないときは、そのぶんをどこかで稼ぎ出さないといけないわけですから、いろいろな試行錯誤をいまだに続けています。これからもさまざまな試練に見舞われるでしょう。

でも「ピンチはチャンス」という前向きの気持ちで乗り越えていきましょう！　少しずつ少しずつでも改良を加え、ときには大改造も必要になるかもしれませんが、つねに前向きに生きていきたい。その結果が今のなないろ畑なのですから。つねに進行形。それが大切だと私は思います。

宮沢賢治は『農民芸術概論綱要』のなかで「求道すでに道である」と書いていますが、私はこの言葉がとても好きです。日々進化を遂げていくことができること、これが持続可能性の原動力だと私は確信しています。

欲しいものは自分でつくろう

地元のスーパーなどに有機野菜を卸して販売してもらっていたこともありました。私たちは有機ＪＡＳ規格の認証を取得していないので（認証を取得するためにも登録認定機関への費用がかかります……）有機栽培とは表示できませんが、「農薬は使っていません」といったことは書けますし、なにより品質的には他の農家の野菜には絶対に負けないくらいの自信はありました。

ところが、私たちがジャガイモを一袋２００円で売ると翌日に他の有機農家が１５０円で、ナスを１５０円で売ると翌日には１００円で出してくるのです。なないろ畑は人手がないので大葉を茎のまま一束２５０円で出したら、これが意外とヒットして１日７５００円も売れたのですが、次の週にはそれを真似されたりもしました。有機農家同士が、ほんの小さなパイの取り合いをして価格競争をしているようでは、いつまでたっても採算がとれるようにはなりませんし、身体も保ちません。

消費者や業者は「美味しくて安全で安価な野菜が欲しい」と言ってくるわけですが、有機農業の現場はもう限界です。「そんなに欲しければ自分でつくれば！」と言いたくなってしまうのも、わかってもらえるのではないでしょうか。とはいえ、だれもが農業を気軽に始められるわけでもありません。

しかし、民間サラリーマンの給与との差である３分の２の部分、つまり農家の家族が無償でまかなっていた労働を、「美味しくて安全な野菜が欲しい」という人たちが提供してくれるならば、この問題は解決します。有機農家は民間サラリーマンと同等の収入を得ることができるようになるし、「美味しくて安全な野菜が欲しい」人たちは、自分たちが望む野菜を手に入れることができるわけです。

　例えば、神奈川県の一般的な農家で10ａのホウレンソウをつくるとなると、栽培から出荷まで約３３０労働時間が必要になります。じつは、そのうち栽培にかかる労働時間は30時間程度で、残りの３００労働時間は、収穫から調製、出荷に費やされます。農場以外の作業（調製から出荷まで）を会員に担ってもらい、私や有給スタッフが農場での作業（栽培から収穫ま

タマネギ（緋蔵っ子と湘南レッド）

人気の中玉トマト

丸莢オクラ（島の恋など）

で）に専念できれば、結果として美味しくて安全な野菜づくりを持続していくことが可能なのです。つまりこれがCSAの考え方です。

だれのための有機農産物⁉

美味しくて安全な野菜が欲しいならば、必要としている人が労働力を負担するべきだ、という考え方は、ある意味では哲学的・倫理的な問題ですが、その部分をみんなで共有できてこそ、トゥルーCSAになっていくのではないかと考えています。

非常に厳しい言い方をして自分としても嫌なのですが、貧しい人にきつい農作業の3K労働をさせて、自分はいっさい手を汚さずに良い食品を得ようとするのは良いことなのでしょうか。私はテレビを持っていないので、ふだんはテレビを見ないのですが、たまたま実家に帰ったときに、バラエティ番組がかかっていました。

50億円の豪邸に住んでいる日本人妻とかいうタイトルで、その家に住んでいる日本人女性を取材した番組でした。カリフォルニアのビバリーヒルズの超お金持ちたちの住んでいる一角にその家があります。ボウリング場もついているのです。

番組のなかで、お金持ちたちはオーガニックの食品しか食べないと言っていました。毎朝オーガニックの朝食をデリバリーさせている家もありました。こんなことは、はじめて知りました。アメリカの有機栽培はどんどん広がり、市場も拡大しているそうです。でもその有機農産物の90％は大規模なプランテーションのような農場で栽培されているそうです。

私たちは有機栽培というとすぐに小さな家族経営の農場を思い浮かべてしまいますが、そうではないのです。ヒスパニックの貧しい労働者を低賃金で雇っている巨大な企業です。有機栽培がふえること自体は良いことなのですが、ジョン・スタインベックの小説『怒りの葡萄』のような状態があるとしたら、問題ではないでしょうか？

　先日、ある農場で働いていたという方がなないろ畑の見学に来られましたが、そのときに聞いたお話は悲惨でした。日本の高原地帯の農場ですが、貧しいネパール人たちのパスポートを取りあげたりして、逃げられないようにして、奴隷のような働かせ方をしているというものでした。私たちの知らないところで、目に見えないように奴隷労働が復活しているのです。

　五味川純平原作の映画『人間の条件』でも描かれていたような日本の企業や日本の軍隊が満州の人たちに強《し》いていた奴隷のような労働を思い浮かべてしまいました。

　消費者が農業の現実を知り、それぞれの倫理観に基づいて、農業を支援していただきたいと心からお願いします。また、きちんとした農業政策を打ち出した政党に投票していただきたいと心からお願いします。

ＣＳＡは共同購入組織にもなり得る

　ＣＳＡは共同購入組織にもなることができ、そのことを通じて他地域の生産者とのつながりを構築することができるのも魅力の一つです。なないろ畑では、自分たちではつくれない食材として、完全天日《てんぴ》塩を高知県四万十《しまんと》市の生産者から、有機ショウガを高知県いの町の生産者から、平飼い養鶏卵を群馬県安中市の養鶏場から購入しています。

　例えば、ショウガは日常的に使う野菜ですから会員も欲しがるのですが、なないろ畑では夏場の乾燥がきついのでつくることがなかなかむずかしのです。それならば、ショウガ栽培の最適地である高知県の信頼ある生産者から一括で買って、みんなで分ければよいのです。

さらに、ショウガというのはそんなに大量に使うものではないので、買うほうからしても少しのショウガを買うのに産地から輸送コストがかかりすぎます。極端な話、1kg買うのも20kg買うのも輸送コストは変わらないのです。それなら、宅配便代のコストパフォーマンスが最大になるような量をまとめて買えば良いわけです。CSAのメンバーが共同購入すれば輸送コストを最小限まで下げられるのです。生産者にとっては、CSAがあるおかげで良い結果を得るのです。他方、地方の生産者の方はどうでしょうか。

共同購入の有機ショウガ

あるとき、高知県での視察時に出会った有機ショウガの生産者は、すばらしいショウガをつくっているのですが、なかなか販路が見つからず、見つかっても買いたたかれてしまうと嘆いていました。

「大手の産直会社で扱ってもらっていて1kg当たり2000円で売っているけれど、うちからは1kg700円でしか買ってくれなくてきつい」というので、「それなら、なないろ畑が1kg1000円で買いましょう」ということになりました。

経営としては販売価格700円が1000円になるだけでも、利益率はすごく上がりますか

図２−２　農産物の自給と共同購入による供給

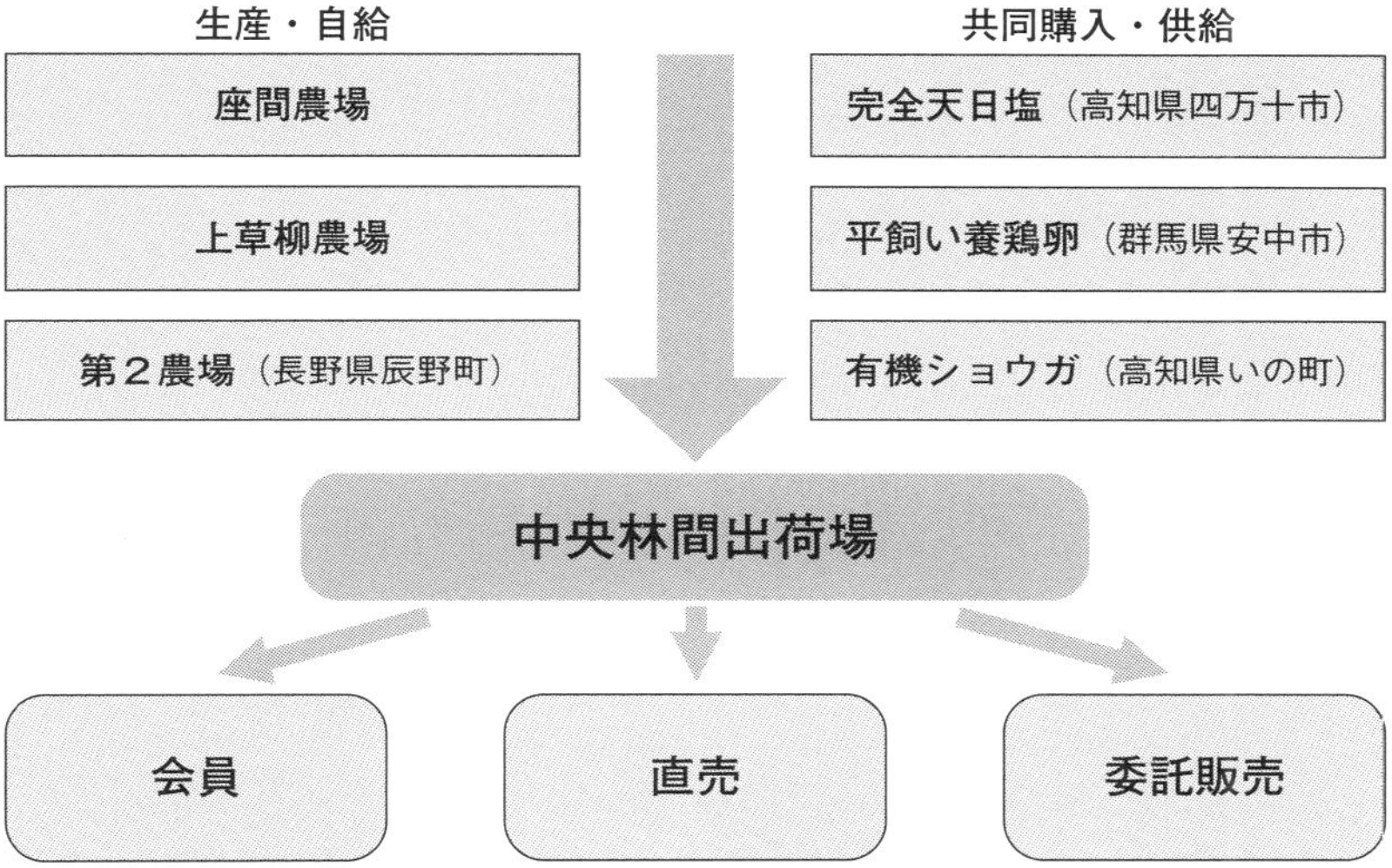

ら、とても喜んでくれています。そんなつながりを各地に広げていくことも、ＣＳＡとして充実させていくためには大切ではないかと思います。

ＣＳＡ農場の最大の生産物はコミュニティ

リバタリアンではなくコミュニタリアン

生産者側から見たＣＳＡのメリットとしては、①会員に労働力を補ってもらえる、②会員に資金を補ってもらえる、③会員制によって販売先が安定し、小さなパイの取り合いから脱却することができる、④会員制によって収入が安定する、⑤これらのことによって、適切な作付けや設備投資などの計画的な経営ができる、といったことが挙げられます。

一方でCSAの会員にとってのメリットは、美味しくて安全な野菜を得られることはもちろん、そこでの活動を通して、友だちができたり生きがいができたり、という面も大きいと思います。畑で作業することが癒やしになっていたりもします。

私が声を大にして言いたいのは、CSA農場の最大の生産物はコミュニティだということです。CSA農場は野菜を育てるだけではなく、人を育て、人の集合体であるコミュニティを育てる場なのです。

有機農家は両極端で、一方には「すきま産業の有機農業をやって大儲けしてベンツに乗るぞ」という人、もう一方には「田舎暮らしが好きだから自給自足的な農業をやろう」という人たちがいて、私自身はかつては後者でした。どちらにしても個人主義者のようなところがあり、自己満足のためにやっている人が多いのが実際です。

しかし、なないろ畑のCSAはそうではありません。宮沢賢治は『農民芸術概論綱要』のなかで「世界がぜんたい幸福にならないうちは個人の幸福はあり得ない」といっています。なないろ畑のCSAは、そうした世界観と同じ考え方、つまりリバタリアン（自由意志論者）ではなくコミュニタリアン（地域社会を大事にする人）で、みんなでコミュニティをつくり、地域の経済をつくって豊かになっていこうという発想から始まっているのです。

CSA農場は多孔質の炭のようなもの

では、どんなコミュニティをめざすのか。私が農業に関心のある人に説明するときは、「CSA農場は多孔質の炭のようなもの」といっています。

土壌改良をするときによく炭が使われるのは、炭が小さな孔がたくさんある多孔質であり、そこにいろいろな微生物が棲みついてくれるからです。ＣＳＡの農場も、そんなふうにいろいろな人が集まり、その居心地の良さから地域のたまり場になっていくようなイメージです。いろいろな人が集まるようになれば、そこにはさまざまな知識や技能を持っている人もいますし、その人たちが提供できる資源も集まってくるわけです。

こうしたなないろ畑の活動に共鳴する地域の人々が、その自らの持てる技術や能力、生産物を提供してくださることによってなないろ畑農場は発展してきたといっても過言ではありません。こうして発展してきた結果、さらに、なないろ畑が地域の人たちにとっていろいろな活動をするためのインフラを提供できるという好循環が発生しているのです。

例えば、汚い出荷場をみんなで力を合わせてきれいな出荷場カフェに変身させることができました。この出荷場の建物自体、会員さんにもらったものですが、さらにペンキ屋さんからは大量の使用期限切れ直前の塗料をいただき、地域の人からリフォームでいらなくなったシステムキッチンや畳をいただき、大工さんが手伝い、絵描きさんが壁や窓ガラスに絵を描き、なんやかんや多くの人が労働力を提供して出荷場がカフェに変身しました。

すると今度は、ますます居心地が良くなって、たくさんの人が集まるようになりました。映画会や講演会や音楽ライブも開催されるようになり、すごい盛り上がりようです。農業でいうところの「土づくりにおける炭の効果」です。生き物がたくさん棲みやすい場所になっていくのとそっくりです。

出荷場は親睦の場にも

保健所の許可も取ってありますので、ちょっとカフェをやってみたいとか料理を出してみたいとかいう女性陣にとっては、お店を構えるのには高いハードルがあるけれど、なないろ畑の出荷場カフェだったら簡単にできてしまうのです。それに農場のオーガニックの新鮮な野菜が使えるのです。老人介護施設の人たちも来るようになりました。きれいな出荷場カフェで簡単な作業をして、楽しんでいます。

例えば、収穫して干す前にニンニクの枯れた茎や土で汚れた皮を落とす作業や、ジャガイモを大きさ別に分類する作業などです。こうした簡単な手作業をやることで、ボケ防止と達成感を得るという効果があるそうです。終わるとお礼にタマネギや枝豆などをさしあげています。お土産に持って帰れるのも、農場の作業が人気のある原因かもしれません。

その他にも都内から就労支援のNPOの団体が農作業を手伝いに来てくれます。きれいな出荷場があるから来てもらえるようになったのでしょう。ここで着替えたりして、畑に向かいます。講演会などのあとの懇親会もこの出荷所カフェで、続けて開くことができます。よく講演会のあとは講師の先生とどこか居酒屋に行って懇親会を開きますが、一人当たり数千円かかってしまいます。

それじゃあみんなが参加できません。なないろ畑の出荷場カフェは、講演会場にもなり、すぐにカフェに早変わり、というより厨房自体が会場のなかに組み込まれている感じですから、講演会のオープン前から厨房のカウンターで食事の準備もできます。

懇親会は食べ物や飲み物を持ち寄りにして、リーズナブルにやります。できるだけたくさん

親睦の場にもなるライブ「なないろフェス」

の人が集まれるようにするためです。厨房は食べ物をつくりたいという人が数名で、カウンターに食べ物を並べて販売します。カウンターには持ち寄りで集まった無料の料理も並びます。こどもたちなどは、これをパクパクと食べています。実際にこども食堂が自動的にオープンしているような状態です。

最近では一人で食事をするのが嫌な人が集まって、プレートを使ってお肉を焼いたり農場の野菜を焼いたりして食べています。夕焼けポンポコ食堂と呼んでいます。このぶんでいくと、孤食の人たちが食べ物を持ち寄って毎晩パーティになるかもしれません。高齢者だけでなく若い人たちも孤食の傾向が強まっています。

そんなときに自由に持ち寄りで食事ができる場所は、とても素敵です。変な外食チェーンで食事をするよりも安あがりで美味しいのですから、とっても良い居場所になってきています。

適正規模の豊かなコミュニティに

では、どれくらいの規模のコミュニティを考えているのか。これも、私が農業に関心のある人に説明するときは、「社会を団粒構造化する《だんりゅう》」といっています。

「無縁社会」といわれるほどコミュニティが崩壊している現在、社会のなかで人は、それぞれが孤立してしまっています。これを土で例えれば単粒（単一の粒子が集まって土壌を構成）の状態です。

一方で組織として巨大化しすぎると、その組織の理念が全体に行き渡らず、形骸化・腐敗化してしまいがちです。現在、官僚組織や農協・生協などは、そんな状態に陥ってしまっているようにも見えます。土で例えれば、ガチガチに固まってしまった土塊《つちくれ》です。

なないろ畑は、自分たちの理念が見えなくならない程度の規模をめざしています。そして、そういうコミュニティが地域にたくさんあるべきではないかと考えています。土で例えれば単粒でも土塊でもない状態で、もっと野菜づくりに適したすばらしい状態の土をつくりたいのです。土壌の粒子が小さく固まった団粒がいくつもある団粒構造です。

団粒構造の土は適当に水や空気を保ってくれるので、野菜も育ちやすくなるのはご存じのとおりです。社会だって、たくさんの適正規模のコミュニティがあり、それぞれがほど良い程度の距離感を保って風通しも良いほうが、人も育っていくというのが道理でしょう。

その適正な規模というのは、私は80人程度ではないかと考えています。不思議なことに、なないろ畑も各地の同じような会員制の農場も、うまく回っているところは会員数が80人を超えない程度で収まるという法則があるようです。

それくらいの規模の多様なコミュニティが各地に生まれてほしいと思っています。

なないろ畑を巨大な農場にするつもりはまったくありません。80人程度の規模のなかで、いろいろな人がかかわってくれるようなインフラを提供していきたいと考え、そうすることで、このコミュニティはすごく豊かになっていくのではないかと期待しています。そんなコミュニティが各地にたくさんできることで、社会全体も豊かになっていくのではないでしょうか。

農業のおもしろさ、奥深さ

じつは私は、あまり家族農業という言葉が好きではないのです。農業というと家族だけでやるものだと思われがちです。国連は２０１４年を「国際家族農業年」と定め、各国政府に家族農業への支援と投資を呼びかけています。

たしかに世界の農業の土台は家族農業であり、90％以上を占めています。また、農業の専門特化はリスクを高めます。農業の成長産業化や市場原理の導入をはかり、ごく一部の多国籍企業や大企業に農業をゆだねることへの危うさがあります。多様性こそリスク回避の道です。

そのため、会社で農業をやることは家族農業の牧歌的なイメージを壊し、なにか我利我利亡者が金儲けのためにやるのではないかとイメージされるかもしれません。しかし、地域に立脚しながら地域農業を立て直し、支える多様な会社もあるのです。

私はもともと農家に生まれたから農業をやっているわけではなく、都会のそれも銀座の隣の新富町で生まれ育ったのですが、農業は自分がおもしろい、やりがいがあると思って始めたのです。

私自身は町工場のせがれで、家庭の事情もあって父の仕事を継いで展示会場などのディスプレイ関係のやっていたわけですが、曾祖父の代から四代目になります。いつも「親の七光」という言葉にさらされてきました。もちろん先祖のおかげで良い学校まで卒業させてもらって言うことはないのですが、いつまでたっても「親の七光」的な見方を周囲からされて気になってしようがなかったのです。

たしかにおじいさんの代までの下町の欄間《らんま》職人の仕事はすばらしいと思っていましたが、おじいさんに「欄間づくりなんて、日本家屋がなくなった今では、食べていけないよ」といわれて、欄間づくりを教えてもらえなかったのが残念でたまりません。

父親の代から展示会で使われる「切り抜き文字」を製作する町工場になったのですが、わずか3日間の展示会のあとはブルドーザーでゴミとして押しつぶされ、夢の島の廃棄物になってしまうのです。まさにバブルな商売です。

こんな仕事とはいえ、割り切ってがんばってきましたが、例の「親の七光」といわれることも嫌だったし、いつか死ぬ前には若いときからやりたかった農業をやりたい、農業をやらなければ死んでも死にきれない、みたいな気持ちがありました。

私は45歳から農業に転身したのです。以来、続けてこられたのも、私の願望もさることながら、農業という仕事におもしろさ、奥深さがあったからです。かならずしも、こどもが親の仕事を好きになるわけではありません。もっと自由に仕事を選べるようにするべきでしょう。

やりたい人が農業をやれるように

農家の跡継ぎは恵まれています。先祖代々の土地があり、山林・田畑・家屋敷、格納庫・納屋・井戸・ビニールハウス、裏山・竹林・防空壕、血縁・地縁・消防団のつながり、トラクター、コンバイン、ユンボ、管理機各種、みんなそろっているのです。

　こうした跡継ぎたちを横目で見ながら、なに一つない状態からいろいろなものをそろえて、始めたのがなないろ畑農場です。近所の農家の人からよく「なんであなたはこんな大変な農業をやるんだ。おれは農業なんて大嫌いだ。こんな土地がなければやらなくても済んだのに」といわれます。そして荒廃農地が中山間地でも都市近郊でもふえていきます。

　私は農業をやりたい人がやるという意味でも、なないろ畑農場を株式会社にしたのです。

「良いできの辛口ダイコン」と著者

ブロッコリーのトンネル（ネット）栽培

収穫物（カブ類）を運ぶ

3人でやれば常時2名は作業をしている状態が保たれ、きちんと交代で休みが取れるように思いました。

ですから農場の会員は80名ほどでよいと思っています。その他に20名分程度の農産物を直売などで販売し、なんとか一人20万円を毎月手取りで受け取れるようにしたいのです。

でも、これでは目標とする民間サラリーマンの年収400万円にはもちろん届きません。ひどい状態です。私は今はっきりと言いたいのです。残りの差額分は、国が直接個別農業所得補償を実施して補うべきだと言いたいのです。

かつて自民党の独裁時代が終わって、民主党の鳩山政権ができたときに、ヨーロッパ型の直接個別所得補償が始まりました。かならずしもヨーロッパ型の手厚い農業保護政策が打ち出されていなかったとはいえ、ああこれで日本の農業も変わっていくんだなという期待をしていました。

ところが、あっという間に自民党の政権に戻り、食料主権という理想も消え、アメリカに従属するかのように国内農林業切り捨て路線に戻ってしまいました。農家の努力だけでは限界があります。そのことを、15年間有機農業をやってきて確信しました。日本農業の将来は、ヨーロッパ型の個別所得補償政策が実施されるか否かにかかっていると思います。

なないろ畑の人づくり

人々がかかわり合うことで……

なないろ畑の最大の生産物はコミュニティですが、そうしたコミュニティのなかでいろいろな人が自主的に活動し、かかわり合い、また、農場や野菜とふれあうことで、参加してくれる人たちはみんないきいきと変わっていきます。また、そうした変化を求める人たちが、なないろ畑に集まってくれています。

この状態を例えて言えば、堆肥場みたいなものです。いろいろな性質の人と人がかかわり合うことで化学反応が起こり、発酵することで新しいなにかが生まれます。それが落ち着いてきたころに、また、違う人が入ってくると、また、新たな発酵が起こり、さらに新しいことが生まれます。

こうして人々がつねにかかわり合い、刺激し合うことで、コミュニティも豊かで芳醇なものになっていくのです。

「変えよう」という人を育てたい

世の中に「変えよう、変わろう」という風潮が生まれてきたのは、２０１１年、３・11の東日本大震災と原発事故がきっかけになったと思います。３・11以降、なないろ畑にも若い会員がふえました。

３・11以前は、社会を見ても政治を見ても、どこかみんなが他人任せになっていました。余計なことを考えず、社会的なことには無関心で、それこそテレビばかりを観て一日を過ごしているだけ。国やマスメディアが発信していることをそのまま鵜呑みにして、すべてが右へならえであることになんの疑問も感じない人が多かったのではないでしょうか。その様子は、社会がそういう人間を求め、人は知らず知らずに洗脳されていたのではないかとさえ思えるほどです。

なにもかも他人任せでは、現在の社会問題も環境問題も、なにも解決することはできません。なにか問題があると思ったら、自らが情報を集め、いろいろな問題に挑んで解決していくことを、世の中のだれもが普通に行うような社会にしていかなければ、自分たちが本当に望む社会にはなっていきません。

3・11以降も、多くの人は「震災や原発事故を忘れよう、忘れたい」という正常化バイアス（精神の傾向）が働き、以前の状態に戻っていきました。

しかし「これまでのことは信用できない、自分でなんとかするしかない」と気づき、自ら情報を集め、考え、行動することで「変えよう、変わろう」と動き出した人たちも少なからず出てきました。つまり、これまでの受動的な姿勢から能動的な姿勢に変わった人たちがふえ始めているのです。

食に関してでも同じです。野菜にしても、多くの人はスーパーでパッケージされたものを買うことしか思いつかないし、そこになんの疑問も感じていなかったと思います。しかし、それは本当に安全なものなのか、本当に美味しいものなのかと疑問を感じたならば、自分でつくってみればいいのです。

ＣＳＡ農場は、そうした人たちにとっては格好の学びの場になれると思いますし、ないろ畑も、そうした姿勢の人たちを育てていきたいと考えているのです。

会員の「能動的な姿勢」と自発的な行動

新たな取り組みを呼び起こす場に

もちろん、この学びの場というのは、だれかがなにかを教え込む場ということではなく、自発的に行動する場という意味です。

大豆の種をまく（単作型 CSA の一つとしての大豆栽培）

ＣＳＡ農場は学びの場になり、新たな取り組みを呼び起こす場であるということを、なないろ畑で広がっている活動を例に紹介してみましょう。これらの活動が、なないろ畑の最大の特徴だともいえるでしょう。

なないろ畑は基本的な野菜をまんべんなく生産していますが、会員のなかには野菜だけではなく、「大豆や麦、米などの主食になるような穀物が欲しい」という人もいます。しかし、これらの穀物の栽培や収穫・調製は、とにかく手間がかかるのです。

例えば、有機農法で大豆をつくると１kg当たり８００円～１０００円で売れますが、その手間を考えたらまったく採算は合いません。大規模栽培で徹底的に機械化すればなんとかなるのでしょうが、なないろ畑のようにいろいろな野菜をつくっている農場は、そうしたことが苦手です。

なないろ畑ではさまざまな理由から麦も育てていますが、これらをまともに商品化するまで栽培しようとなると、麦踏みをした瞬間に赤字になっています。なないろ畑の農場には、そうした主食系の作物に資本や労働力を注ぎ込む余裕はありません。

単作物型CSAの開始

しかし、なないろ畑はもともと「食べたい人が自分でつくるべきだ」という考え方のもとに始まった農場です。また、農地そのものに余裕がないわけではありません。

「それならば、欲しい人がつくってみれば?」と始まったのが、単作物型CSAです。なないろ畑では、夏~秋に「大豆畑トラスト」「田んぼトラスト(長野県辰野町)」が、秋~春に「小麦畑トラスト」が活動しています。トラストの人気が高まっているので、今度は「雑穀類トラスト」などをふやす予定です。

トラストは、もともと「信託」という意味で、所有者が一定の目的のために管理、運用を任せることをさします。田んぼや畑などでは複数の人が共同で作業をしたりして、収穫物を均等に分かち合います。

例えば「大豆畑トラスト」の場合、参加する会員は会費とは別に、一口《ひとくち》10坪4000円をなないろ畑に支払います。なないろ畑の農場スタッフは、トラクターで畑をきれいに耕すことと、収穫後の脱穀などの機械を使う作業は行いますが、それ以外の種まき、除草、収穫、乾燥、選別といった一連の作業は参加会員が自分たちだけで行います。

10坪で収穫できるのはせいぜい4kg程度ですが、この大豆畑トラストは会員に人気があって3年くらい続いています。1年目は10口からスタートしましたが、3年目には30口までふえま

大豆畑で除草などの作業を行う

した。中心メンバーはほぼ作業を覚えているので任せられますし、そこから発展して出荷場を利用し、麹づくりや味噌づくりの教室も開いたりしています。

要するに単作物型ＣＳＡの場合、なないろ農場にいくらか支払って、もともとなないろ畑がつくるべき作物を自分たちが代わりに作業をし、できた作物を自分たちのものにするという仕組みです。

なないろ畑の経営としても、最初は教えるのが大変ですが、何回もやっていくうちに徐々に参加者もスキルが向上します。こうして少ない労力で収入があげられるので、こうした動きが会員から出てくるのは大歓迎なのです。そして、トラストに参加する人たちは、その多くの作業を自分たちの責任で行うことで、そこに自発的な学びが生まれているのです。

サテライト・グループの誕生

また、なないろ畑には、会員の自発的な取り組みによるサテライト・グループがたくさん誕生していることも大きな特徴です。

例えば、「ブルーベリーが欲しい」「ハーブが欲しい」といわれても、なないろ畑の農場スタッフは主力になる野菜をつくるのに手いっぱいで、そうしたものを手がける余裕はありません。

しかし、農場スタッフはトラクターで耕す都合上、畑をきれいな四角形にして使うので、パンの耳のように余った農地はありますし、飛び地のような、なかなか農場スタッフの手が回らない小さな農地もあります。そうしたところで、「やりたい人で好きにやってください」というのがサテライトです。

会員が欲しい作物を自分たちでつくるという点では単作物型CSAと似ていますが、このサテライトが行う作業には、なないろ畑は会社としていっさいかかわりません。

使用する農地面積に応じた地代相当分や、水道や肥料などを使う場合はそのぶんだけ支払ってもらいますが、基本的に独立採算制です。収穫した作物を販売してあげた利益もそのグループで分けてかまいませんし、そのさいに発生する税金などについても自分たちで支払ってもらっています。

いわば、単作物型CSAは会社内の一つのプロジェクトで、サテライトはグループ会社といったところでしょうか。

現在は、「ブルーベリーチーム」「ハーブチーム」に加えて、「花畑チーム」「ヘチマチーム」といった作物系のサテライト、さらには集荷場でのカフェを経営する「カフェチーム」、第2農場（第4章で詳述）の古民家を経営する「古

図２－３　多様なサテライト・グループの例

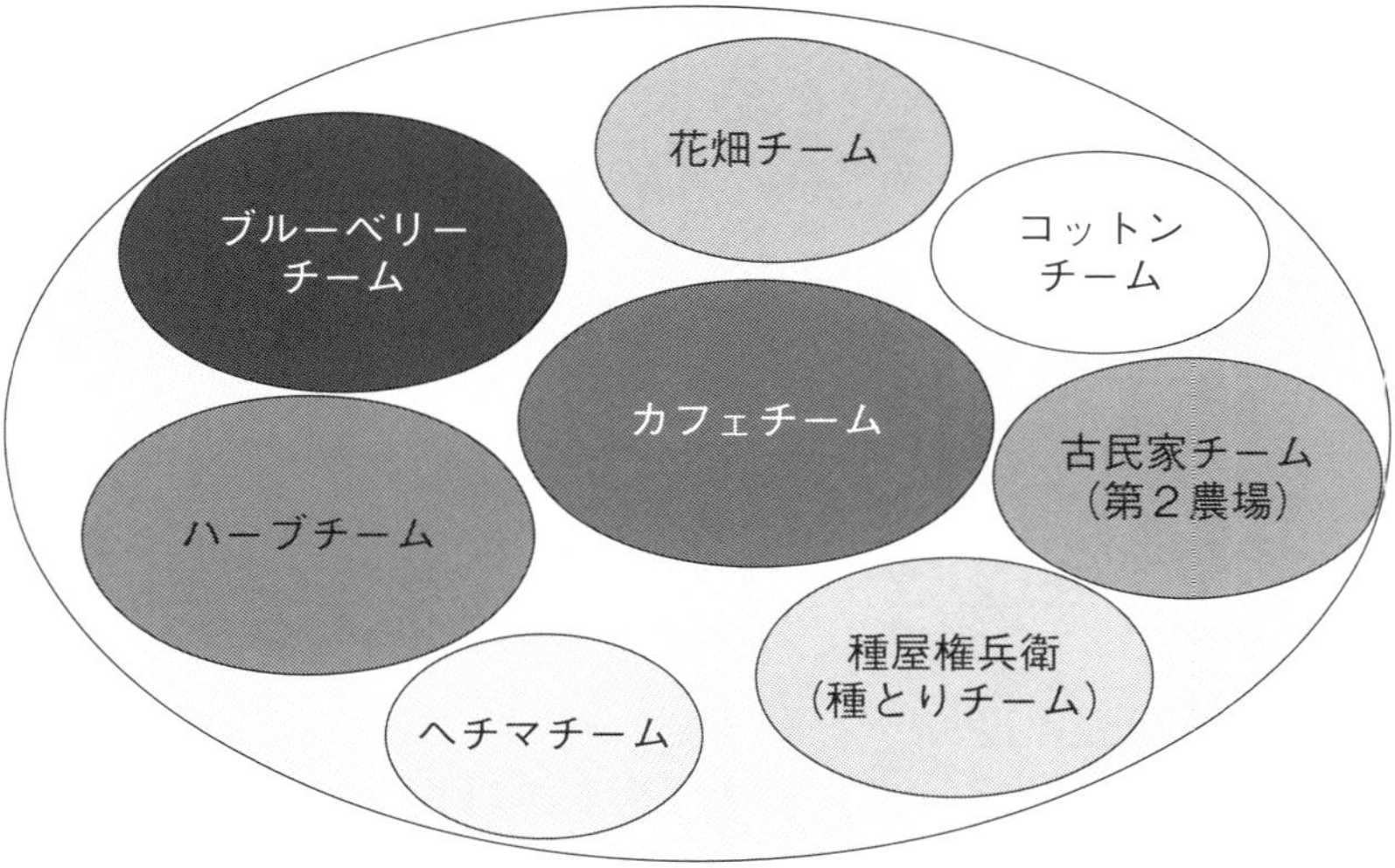

民家チーム」、さらには自分たちで種とりを行う「種屋権兵衛」というチームなど、その活動内容は多岐にわたっています。

野菜の種には固定種（何世代にわたり選抜、淘汰され、固定化した品種）とF_1種（異なる性質の種をかけ合わせてつくった雑種一代目）があり、固定種は自分たちで種をとることができます。「有機野菜の種は自分たちでとるべきだ」と株主総会で発言した人がいたのですが、種とり用の株は雑交配を避けるためにも隔離しなければなりません。

農場スタッフはそこまで手をかけられないので「自分たちで種とり用の圃場《ほじょう》をつくってやってください。その種は、自分たちで売って儲けてもらってかまいません」ということで始まった活動です。

これらのチームは、最初は会員同士のサークル活動みたいなかたちで始まりますが、それが小遣い稼ぎになり、さらにはスモール・ビジネスのような活動にまで育ちつつあります。各グループは独自に人を集め、その栽培技術などについても、自分たちで勉強しています。

　ブルーベリーチームの女性リーダーは、一念発起して神奈川県立かながわ農業アカデミーに通い、トラクターの免許まで取ってしまいました。また、作物を加工しての販売、いわゆる六次産業化的な活動も、自分たちで研究したり、講師を呼んで勉強会を開いたりもしています。

　このようにして、「農作物は買うもの」と受け身だった人たちが、自分たちで能動的に動いて消費者から生産者に変わっていっています。CSAは、そのための学びの場としてうってつけなのです。そしてなないろ畑本体としても、たんなる野菜畑だけではなく果樹やハーブ園などの多様性が広がることで、農場の付加価値が高まり、プラス効果を生み出しています。

ネットワークが重なりコミュニティも重層化

多様な参加スタイルに

単作物型CSAやサテライト・グループの活動には、なないろ畑の会員とは別の人たちも集まってきます。そうした人のつながりが重なり合うことは、なないろ畑にとっても大きな財産となっています。

　なないろ畑本体は常連の多い居酒屋のようなもので、一見《いちげん》さんには入りにくい雰囲気があるのは否めません。また、私自身は一人で飲みに行くことも好きなのですが、一人で静かに飲みたいのに常連さんにむやみに話しかけられて嫌な気分になることもあります。

　私が居酒屋のオーナーだったら、常連の席とは別に一人飲み用のスペースを設けて、いろいろなお客さんに対応できるようにするでしょう。なないろ畑にとってサテライト・グループは、そのように間口を広げてくれている存在として重要で、結果としてなないろ畑への参加スタイルを多様にしてくれているのです。

味噌づくり教室　例えば、大豆畑トラストで行っている味噌づくり教室は、その活動を気に入ってくれた地元の麹屋さんが協力してくれたからできたことですし、その教室をなないろ畑の集荷場のカフェで行うことで、また、新たな人たちとのつながりが生まれていきます。

上総掘りの方式で井戸を掘る

ハーブ園は園芸療法の実践の場

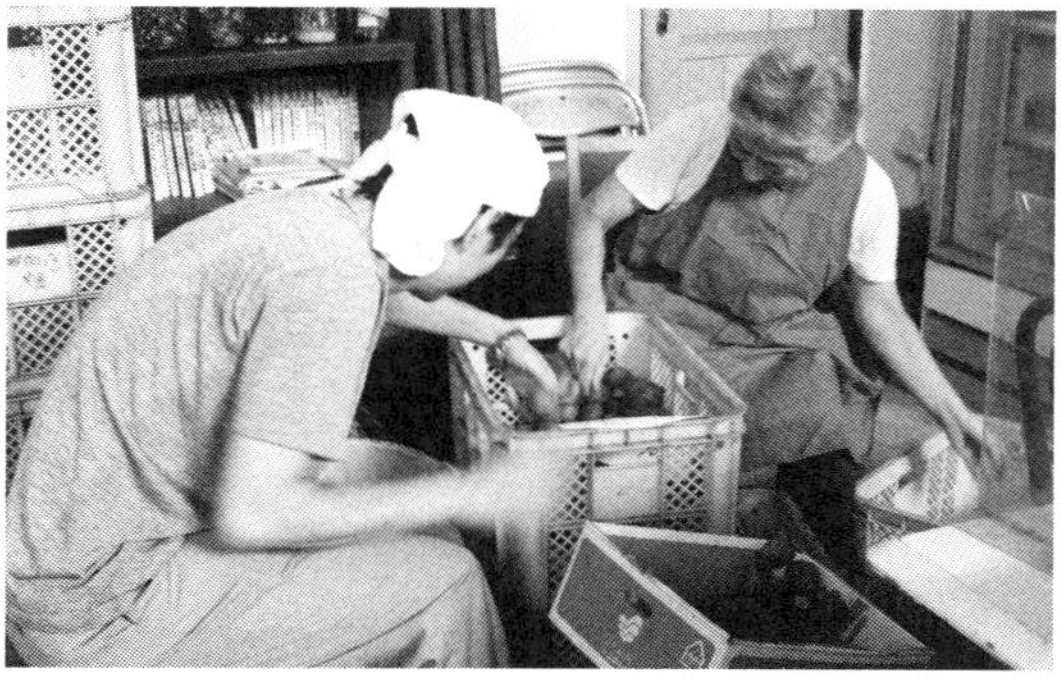
ジャガイモの選別作業

上総掘り　ブルーベリーチームは独自の人脈によって上総《かずさ》掘り（やぐらを組んで大きな車を仕掛け、割り竹に取りつけた鉄管で掘り抜く。古くから千葉県上総地方で行われた）の方式で井戸を掘り、太陽光パネルでポンプを動かして水を汲み上げています。これをつくってくれた人は、かつて東京タワーや種子島のロケット発射台の建設に携わったというすごい技術者なのですが、そんなつながりも出てきています。

園芸療法　また、ハーブチームのハーブ園は、園芸療法を実践しています。大和市内のB型就労支援施設の人たちが来て、いろいろなガーデニングの作業をしています。さらに、横浜市内の障がい児施設のこどもたちが親といっしょに来て、農作業を楽しんでいます。障がい者の人たちとのつながりもふえてきています。

農福連携　農場の出荷場カフェには、市内の老人介護施設のおじいちゃんやおばあちゃんが簡単な手仕事をやりにきています。高齢者の仕事場にもなりつつあります。調製作業や収穫作業などを高齢者や障がい者の人たちが担ってくれれば、農場有給スタッフをメインの農作業に集中させることができます。これは、農福連携（農業と福祉のニーズを合致させ、農作業などの受委託を進めること）のすぐれたところです。近年は、年越し派遣村で有名になったＮＰＯ法人自立生活サポートセンター・もやいが就労支援のための農業体験に定期的に訪れています。

出荷場のカフェ化の効用

出荷場をカフェ化して気がついたことがあります。カフェとして全部を貸してしまうと、農場の作業ができなくなり、さらにカフェでなにか注文しなくてはなりません。これまでの居心地の良い「居場所」としての空間がだめになってしまうのです。

出荷場カフェ化計画の打ち合わせ

カフェといっても、農場の仕事が最優先ですから、出荷場の一部に厨房があって、そこが食事や飲み物を提供するかたちが大切です。出荷場の一部に飲食を提供するコーナーがあるようなイメージで運営するべきです。出荷場にいる人は、別段食事を頼まなくてもかまいません。ともあれ、出荷場がカフェになったことで、地域の人が集まりやすくなり、コミュニティがさらに豊かになってきています。

また、せっかくできたカフェですが、まだまだライブ・イベント以外には利用されていませんでした。ここに来て、週一日ぐらいカフェをやってみようという会員の方が現れ、毎週日曜日の昼に「おばあちゃんのごはん」というレストランを始めています。今は野菜の出荷日に昼のまかない飯の畑ランチが食べられますが、今後はそれ以外のときでも農場の野菜を使った食事が食べられるようになっていきます。

ライブ自体やることは良いのですが、なないろ畑のコミュニティづくりの基本は、みんなが気楽に集まって滞在できる、「美味しい・楽しい」居場所空間を用意することです。その意味では、高価な食事よりは、みんながいつでも食べられるリーズナブルな価格が大切ですし、イベントもできるだけ参加費を下げて、たくさんの人が集まれるようにしたいのです。

　安くて良い食事を提供することの一つのあり方が「こども食堂」です。

畑ランチを求める

　現在、日本では６人に一人の割合でこどもが貧困状態に陥っています。こども貧困率が上昇して食料を買えなくなる一方、捨てられる食品が年間約６３２万ｔというミスマッチが起きています。そのため、全国２２０の団体が参加するこども食堂ネットワークによれば、こども食堂は全国に４００以上あるとされ、各地に広がりをみせています。

　あるとき、大和市がこども食堂をやりたいところには助成金を出すという情報が舞い込んできて、農場のカフェチームがこれはチャンスだと思って応募しました。応募可能な期間が超短期間でした、慌てて応募しましたが、情報が錯綜していてとにかくこども食堂の助成を受けるためには飲食業としての保健所の認可が必要だといわれて、改装工事を行って、きちんとした厨房をつくってしまいました。

出荷場はカフェ兼レストランに

あとで知ったのですが、こども食堂はそこまで整備する必要がなかったのです。ともかくつくってしまったのですが、大和市からの助成対象からは漏れてしまいました。こども食堂をやるには資金が必要なので、農場としては大いに頭を抱えてしまいました。

ところが意外な効果が生まれました。農場の出荷場をカフェにきれいに改装したことで、居場所としての居心地の良さがアップして人が集まりやすくなりました。

食には人を集める力がある

前述したように、老人介護施設のおじいちゃんやおばあちゃんたちが来ます。就労支援施設の人たちも来ます。こども囲碁教室、朗読会、つるしびなをつくる会なども開かれるようになってきました。これらの会に集まってくる人は地域の高齢者の方々が多いのです。また、こどもたちも来ます。

農場の出荷場をカフェにしたら、今まで関係性の薄かった高齢者や障がい者、こどもたちも集まるようになってきました。農場のボランティアのなかでも孤食の人たちが集まって、夕食をみんなで食べることも多くなってきました。お肉を買ってきて、農場のハネ野菜といっしょにプレートで焼くだけの食事ですが、簡単で手間いらずのこともあってだんだんと回数がふえてきました。

こんな具合で、気がついたら農福連携がいつの間にかできつつあるのです。農業だけでは集まってくる人には限界がありますが、農から食へと守備範囲を広げたとたんに、多くの人が集まるようになってきました。

食は農に比べて10倍以上も人を集める力があるということに気づきました。そして、ＣＳＡ農場が園芸療法（身体的、精神的障がいの治療やリハビリテーションなどのために植物や園芸作業を用いる方法）、農福連携による就労支援、こども食堂を展開することなどで社会的に弱い人たちのために大事な仕事をする場となることもわかってきました。

逆にいえば、通常の農場ではなく、ＣＳＡ農場だからこそ相互扶助的な仕事がとてもやりやすいし、得意だということを示しているともいえます。

このように、ＣＳＡ農場から人のつながり、経済のつながりがどんどん展開しています。まさに、ＣＳＡ農場は人づくりの場であり、そのことによって生まれたつながりが新たなコミュニティを生み出し、それが重なり合うことによって多様性のあるコミュニティが育っているのです。

第3章

安心・安全・美味の野菜づくりの実際

なないろ畑のＣＳＡの核になっているのは会員ですが、その会員のモチベーションになっているのは、やはり安心・安全で美味の野菜です。ここでは、なないろ畑の農業の考え方や心得、技術面での取り組みについて紹介していきます。

春先のレタスの収穫。隣は収穫間近の小麦

基本をふまえた有機農業が環境への負荷をかけない

常識的な有機農業が王道

安心・安全な野菜づくりの方法として、有機農法や自然農法といった言葉を聞いたことがあると思います。各地でいろいろな人が「なんとか農法」と銘打った野菜づくりをしています。その内容は、信頼できるものから、どこかオカルト的であやしいものまで多種多様です。

では、なないろ畑ではどのような農業をしているのかというと、私たちがとっているのは常識的で基本をふまえた有機農業です。

日本の歴史を見ると、焼き畑農業が始まった縄文の昔から昭和30年代くらいまで、農業はほぼ有機農業でした。『有機農業の推進に関する法律』では、有機農業を「化学的に合成された肥料及び農薬を使用しないこと並びに遺伝子組換え技術を利用しないことを基本として、農業生産に由来する環境への負荷をできる限り低減した農業生産の方法を用いて行われる農業」と定義しています。ですから、化学肥料や農薬が導入される前の農業が有機農業であったのは、当然といえば当然です。

江戸時代から明治時代にかけて農業技術はすばらしく発展していきました。現在の野菜づくりの知恵や方法論は、この時期にほぼ築き上げられたといってもよいでしょう。これがつまり農業の王道です。

ところが、昭和30年代後半ごろから化学肥料や農薬が大量に投与されるようになりました。「生産資材として効率的に投与する」「収穫量増加や農作業の効率化をはかる」などの理由で、多くの農家が化学肥料や農薬を使わざるをえないようになったのが近代農業、そして現在の慣行農法です。

近代農業、慣行農法の果て

機械化も進み、農業の単作化や大規模化なども進んでいきましたが、それはつまり、先人たちが築き上げてきた農業の王道を、省力化したり画一化することで、効率をあげているだけのことです。「手抜き農業」「インスタント農業」といってもよいでしょう。

そうした農業が広がったことによって、化学肥料や農薬による土壌汚染や健康被害、野菜の安全性の不安、そして外観や規格にとらわれ、肝心の味の面ではかならずしも美味しくない野菜が市場を席巻するといった問題が引き起こされたのです。

そうした状況に対しての反発として、現在の有機農業や自然農法が出てきたわけですが、その反発も行きすぎてしまうと、どこかオカルト的で極端なものになってしまいます。

例えば、現在の一般的な食生活に反発して、「動物性のものはいっさい口にしない」「砂糖はとらない」といった極端な行動をとり、それが自然に即した健康な食だと考えている人たちがいます。そうした運動をしている人たちが、ないろ畑を訪ねてくることがありますが、どこか強迫観念に駆られているような感じがして、見ていて辛いものがあります。農業でも、行きすぎた反発としか思えない農法が一部で行われていますが、なにか歪んだものを感じます。

技術の科学的な裏づけが必要

もちろん、なないろ畑の農業も、化学肥料や農薬を多用する慣行農法に反発していることには違いありません。しかし、私たちは極端に走らず常識的に、かつてあった農業の王道に戻ろうとしているだけです。しかし、たんに「昔は良かった」とノスタルジーに浸っているわけでもありません。

現在、作物の性質や必要とする養分についての新たな知見や農業の王道の科学的な裏づけといった新しい知識はどんどん出てきています。なないろ畑では、そうした新たな農業技術の情報をフルに活用しながら、有機農業の技をより発展させていきたいと考え、実行しています。

農業の王道は伝統的な循環農法

田畑も雑木林も人の手による装置

では、農業の王道とはどういうものなのでしょうか。それを理解してもらうには、そもそも「畑とは、野菜とは、農家とはなにか」ということについて、あらためて考えてみる必要があると思います。

田畑が広がる田園風景を見て「自然がいっぱいだね」などと言う人がいます。しかし畑というのは、田んぼ同様に人間がつくりあげた装置です。本来の自然であれば、原野は長い時間をかけて草原へ、やがて森林へと変化していきます。これを遷移といいますが、畑はこの遷移を人為的に止められている状態にあるわけです。

装置というからには、いたずらに遷移を止めているだけではありません。そこには、作物が育ちやすいような創意工夫がなされているのです。里山、里地にある雑木林も田畑同様に人間がつくりあげた装置です。

自然界の食物連鎖については、ご存じでしょう。まず、植物が太陽のエネルギーや二酸化炭素、水、土中のミネラルを使って有機物をつくりだし、生長します。その有機物をさまざまな動物が食べ、自らの身体をつくっていきます。食物連鎖の頂点に立つのが、私たち人間です。

動物の排泄物《はいせつぶつ》や動植物が朽ちたものは、微生物が分解し、ふたたび植物の養分となっていきます。このように自然界には、太陽のエネルギーをもととした循環があり、有機物とは太陽エネルギーとミネラルの塊《かたまり》なのです。

多様な有機物を投入

農家はこうして自然界でできた有機物を、いろいろなところから集めてきて畑に投入します。それこそ、近所の雑木林や公園の落ち葉や剪定枝、稲作で出てくる稲わらや米ぬか、家畜の排泄物、豆腐をつくったかすのおから、また海でとれた魚の搾りかすや貝殻、かまどで薪を焚いたあとの灰（これはミネラルですが）まで。まさに農家は有機物のコレクターなのだといえるでしょう。

もちろん、有機物を集めただけでは作物は育ちません。そこで農家は、これらの有機物を微生物の力を利用して、作物が利用しやすいかたちに変えてもらい、作物を育てているのです。土を耕したりといった管理は、これらの微生物が働きやすい環境を整える作業でもあります。

おばあちゃんのぬか床づくりをイメージしてみてください。容器に栄養たっぷりのぬかと、ビールやトウガラシ、昆布などいろいろなものを入れ、それを、たまにかき混ぜたりして乳酸菌の働きを手助けすることで、美味しいぬか漬けをつくるぬか床ができます。

微生物を飼い、虫を飼う

畑の見学に来た人に私はかならず言うことがあります。今、農場にはポニーがいますが、それ以外の家畜は飼っていません。畜産農家に対して、野菜や作物を育てている普通の農家のことを農業の世界では耕種農家と呼んでいます。なないろ畑は耕種農家です。耕種農家は畜産農家と違って生き物を飼っていないように見えますが、そうではないのです。

目には見えないのですが、土のなかに膨大な数の微生物を飼っているのです。この微生物層を分厚くすることが有機農業のキモなのです。微生物を飼い養うためには、植物が大きな役割を果たします。植物は根からたくさんの養分を出して、根のまわりに自分たちにとって役に立つ微生物を飼っているのです。動物たちが胃や腸のなかに微生物を飼って消化に役立てているように、ちょうど腸を外側に展開したのが根だと思います。

植物が吸収しにくい栄養分を微生物に集めさせるようなことをしています。根と微生物は共生関係にあるのですから、分厚い微生物層を築くためには、分厚い植物層が必要になるのです。ですから緑肥を育てる、麦や大豆を育てたり、茎葉を土に返したりすることも大事ですが、雑草だって役に立ちます。雑草の根も微生物を養います。種のないときに雑草の地上部を刈れば敷きわら代わりに使えますし、もし種がついてしまったら、地上部を刈り取って堆肥材料にしてしまえばよいのです。

なないろ畑では種まきの前は別として、裸地にすることを極力避けています。この分厚い植物層は、クモや虫たちをもたくさん養うことになります。害虫の餌になり大発生源になるよう食草には気をつけなければいけませんが、つねに植物が地面を覆っていることは大切なことです。なないろ畑ではとくに蜂と蜘蛛とテントウムシは大事にしています。これらの生き物は有機農業の味方です。

例えば冬の間は、これらの生き物にとっては

中に落ち葉と米ぬかを入れ、踏み込み温床をつくる

辛い時期です。なないろ畑では畑の作物を寒い風から守り、土が乾燥することを防ぐために、畑の畝間《うねま》に麦やクローバを栽培しています。麦やクローバがあることでテントウムシが越冬してふえていきます。農場の周囲は隣家から農薬が入ってくることを考慮して2ｍほど境界線から逃げていますが、この周囲の逃げた部分にバンカープランツ（障壁作物）を栽培する実験をしています。

さまざまな花を植えることで、ミツバチや寄生蜂の蜜源を確保し蜂をふやすことができることがわかってきました。ミツバチがふえると果菜類の着果率がぐんと良くなりますし、寄生蜂がふえることで、アブラムシの増殖を抑えることができます。

また、敷きわらや敷き草をやることで、地面の上を走り回るウヅキコモリグモやキクヅキコモリグモがふえていきます。このように土のなかの微生物層を厚くし、地上の植物層（野菜も含めて）を厚くし、昆虫や虫の層も厚くすることで、コンパクトで生産力のある有機農業をめざしています。

コンパクトな有機農業で森をふやす

生産力のあるコンパクトな有機農業にこだわるのは、極端な言い方かもしれませんが世界の終わりを感じているからです。このところの異常気象は半端ではありません。変化が激しく、干ばつかと思っていたら、梅雨のような長雨が続きます。私は地球温暖化というよりは地球が砂漠化しているのではないかと思います。

グーグルアースで、地球のあちこちを散歩するのが私の楽しみの一つですが、衛星写真で世界を見ると森林の少ないことを感じます。イギリスなどは、森がない。また、中東から北アフリカなどは砂漠です。北アメリカも驚くほど砂漠が広がっているように見えます。地球を俯瞰《ふかん》して、砂漠の広さにびっくりしています。

それにひきかえ、森の広さが狭すぎるように思うのです。50年前、１００年前の衛星写真があったら見てみたいものです。あらゆる古代文明は、農業の失敗と森林の破壊によって砂漠化して滅びています。黄河文明、チグリス・ユーフラテス文明、インダス文明、エジプト文明。今のグローバル化し、地球全体規模に拡大した現代文明もこうした失敗を繰り返すような予感がしてなりません。

できるだけ農地の面積あたりの生産力をあげて、農地をコンパクトにして拡大しないで済ますこと。そして森を守るだけでなく、さらに一歩進んで砂漠化したところに森を復活させることが必要だと思います。森は地球の気候を安定化させるはずです。世界じゅうの国々は軍事にお金をつぎ込むことをやめて、地球規模の環境保全と砂漠の緑化にお金をつぎ込むべきです。

地球の砂漠化をも視野を入れて、農業や林業、エネルギーの問題、都市と農村の問題を考えていかねばならない時代に私たちは立たされていると思います。そうした考えを持って、この日本で、この南関東で、なないろ畑はどんな有機農業をするべきかを考えてきました。

農家は、畑に有機物をたくさん集め、それを分解する微生物の働きを上手に手助けすることで、すくすくと野菜が育つ土ができるのです。これは自然界で起きている循環を畑という装置を使って促しているともいえるでしょう。

野菜もまた、畑という装置のなかで最高のパフォーマンスを発揮できるよう、農家が長い年月をかけて改良してきた植物です。こうした自然の循環を促す畑という装置と、そこで育てる作物に、つねに工夫を重ねてきたのが伝統的な循環農法であり、農業の王道だと考えています。

なないろ畑の土づくり

土づくりこそ農業の土台

私は学生時代に、近所の篤農家のおじいさんから、「土づくり半作《はんさく》」ということを何度も繰り返し教えられてきました。農家の仕事の半分は土づくりの仕事で、土を植物の生長に最も良い状態に仕上げることがなによりも大切という考え方です。一般に苗半作、苗代半作という言葉が知られていますが、土づくりこそが有機農業の土台であり、それをやらなくなった農家は農家ではないとさえ思います。

現在、有機栽培農家の多くが、自前で堆肥づくりをしていないといわれています。そのなかには畜糞を大量に畑にまいている農家もいます。たくさんの抗生物質を投与されている畜産業から出る畜糞については、抗生物質耐性菌の問題もあって、気になるところです。

出所のはっきりとした、きちんとした材料を集めて自前で堆肥をつくることが大切ではないでしょうか。畜糞大量投入の有機野菜にたいして、堆肥づくりで有名な篤農家の三重県の橋本力男さんがこのような畜糞だけでつくっている野菜のことを過激に「クソ野菜」と言っていますが、そのご批判はもっともだと思います。

堆肥づくり

なないろ畑では堆肥場で堆肥をつくり、年間10a当たり3～5tを畑に投入しています。

かつては、地域の商店街のなかの米屋で出た米ぬかを全量引き取ったり、地元の豆腐店を回る回収業者からおからをタダ同然でもらったり、植木屋さん専門の廃棄物処理業者から公園や街路樹などの剪定枝のチップを大量にもらったりして、堆肥にしていました。

もちろん、野菜の調製のときに出たものや夏の雑草も、また薪を燃やした灰も、とにかく地域で廃棄されているような有機物はなんでもありがたくいただき、パワーショベルなどでかき混ぜて堆肥をつくっていました。

また、鎌倉のあるお寺の山門を改修したとき、古いカヤをもらって堆肥にしたこともあります。昔の建築物はオーガニックで、壊しても最後まで利用できるのです。

まさに堆肥は無尽蔵につくれましたし、当時は醤油工場の香りがするような良質の堆肥ができていました。

しかし、東日本大震災の原発事故の影響で、神奈川県大和市でも剪定枝のチップが300～400ベクレル／kgを計測してしまったため、堆肥として使えなくなってしまいました。

かつては前述したように堆肥資材のほとんどを地元で調達していたのですが、福島原発事故以降は、放射能汚染がない長野県辰野町から米ぬか、稲わら、薪を購入しています。

２０１１年の10月からは毎月１～２回長野県辰野町まで買い出しに出かけています。その費用と時間は、農場経営にとってとても辛いものがあります。

原発事故以後は、とにかく放射能汚染のない堆肥材料を探すのに必死でした。有機栽培農家のなかには平気で汚染された剪定チップや稲わらを使っている人もいて、信じられませんでしたし、注意しても聞き入れないのです。

その他にも原発事故直後からは秦野《はだの》市中井にあるチョコレート工場に東名高速道路を使って毎週３往復して、カカオ豆の殻を買い求めてみたり、そば製粉業者からそば殻を買ってみたりしましたが、カカオ豆の殻やそば殻については、輸送コストがかかりすぎて現在では利用していません。現在は、農場を広げ、麦や大豆をたくさん作付けでき、そこから出る麦わらや大豆殻、農場の雑草とおからを混ぜて堆肥をつくっています。

有機物確保のために

堆肥材料や薪を遠方に買い求めに行くための費用は莫大です。これが農場経営にとって大きな負担になっています。当時、私が所属していた有機農業者の団体である有機ネット神奈川が東京電力に話し合いを求めました。有機ネットの代表が東京電力に電話をかけても「会う必要はない」「会う予定はない」と言ってけっしてこちらの話を聞こうとしません。そこで、栃木県の有機稲作のグループが東京電力との交渉をしていると聞きつけ、このグループの許可を得て、東電との交渉の場に有機ネット神奈川の代表と私が、同席させてもらいました。

会議のなかで私たちも発言時間をいただき、神奈川の有機農業者の窮状を東京電力の社員に伝えました。東電の社員は「私たちは栃木支社の者で、神奈川支社に伝えておきます」と答えたのです。しかし後日、神奈川支社から、有機ネットの代表の方に「会う必要はない」という同じ言葉が返ってきました。

こんな閉鎖的な体質の会社が解体されずに、いまだに残っていることが信じられません。政府が国策で進めてきたのですから、まず東電は一度整理解体し、原発の事故対策を政府の責任できちんとやっていくべきです。

ところで、私は20年前から毎年近所の公園の落ち葉かきをしているのですが、この落ち葉は育苗ハウスで温床として使っています。稲わらで囲ったなかに落ち葉と米ぬかと水を入れ、かき混ぜて踏み込み、発酵させることで育苗用の熱をとっています。1年後にはいい具合に腐熟しているので、これをかきだして牡蠣殻《かき》などを混ぜて再発酵させ、赤土と混ぜて育苗用の培養土としています。踏み込み温床は培養土づくりに欠かせません。

このように、なないろ畑では廃棄物とされているような地域の有機物を集め、かつての農業の王道のように有効に活用しているのです。

有機物二重マルチ

なないろ畑では、作付け時に中熟《ちゅうじゅく》堆肥（分解しやすい有機物がまだ少し残っている状態。施用から作付けまで少し期間をあけたりする必要がある）をまき、その上に麦わら・稲わらを敷く、有機物二重マルチという技を使っています。自然の雑木林は野原では、古くに落ちた枯れ葉や落ち葉は下のほうで熟していて、新しい枯れ葉や枯れ草がその上を覆っていますが、そ

剪定チップに米ぬか、おからを混ぜ込んである

堆肥を切り返すと湯気があがる

剪定チップをダンプで搬入

株元に中塾堆肥を施し、マルチとして稲わらを敷く

の構造を真似しているわけです。

化学肥料はもちろん、ボカシなどの有機肥料でも、一気に追肥をすると根が傷んだり病気の原因になってしまいますが、中熟堆肥が微生物に分解されながら、雨が降るたびに養分が土中に浸透していき、じわじわ効いていくというようなかたちをとっています。なないろ畑では基本的には追肥をしていません。言い換えれば、最初にまいた中熟堆肥は、元肥のようだけれどじつは追肥なのだ、ともいえます。

土ごと発酵法

有機農業のキモは、畑の土自体でどれくらいの微生物を養えるかにあるともいえます。堆肥場で発酵している最中の堆肥は微生物量がマックスですが、その微生物も畑に入れるとかなり少なくなります。

それならば畑の土のなかで直接発酵させてし

まえば、土のなかで多くの微生物が活性化し、かつ私たちにとっては省力化にもなるというのが土ごと発酵法です。

あとでも述べますが、なないろ畑では病害虫対策などの観点から畑の4分の1以上で麦をつくっており、刈り取ったあとは敷きわらとして使用しています。野菜を収穫したあとに残ったこれらの敷きわらや残渣《ざんし》に、米ぬかやおから、牡蠣殻などをふりかけ、浅くかき混ぜます。

半月後くらいに一度、土中に酸素を供給するためにかき混ぜてあげれば、その半月後、トータルで1か月もあれば、微生物層が豊かな土になります。こうしてできた土は、ふかふかというよりは、もちもちっとしていて、「微生物がたくさんいるな」という感じがします。

肥沃な土にするために

豊かな微生物層がある土は、微生物自体がさまざまな養分を持っているので、土全体としては肥沃なのですが、その微生物が死なないかぎりその養分は放出されないので、根にも問題がありません。そんな土をレーキなどで少し引っかくだけで、多くの微生物が死んで根が養分を吸収できる状態になります。つまり、微生物層が豊かであれば、中耕・土寄せをするだけでも追肥の効果があるのです。

とはいえ、野菜の顔色を見て、元気がないときに追肥をすることもあります。追肥をするときは液肥による葉面散布が主で、米ぬかから自作した液肥や魚ソリューブル（魚の煮汁）などを、ケースバイケースで使い分けています。これらを水といっしょに散布すると、本当に野菜は生き返ります。

また、省力型の追肥として、ボカシ肥《ごえ》（有機発酵肥料）をつくらずに直接畝間に米ぬかをまくことがあります。まいたあとはレーキで土と攪拌してやることで、微生物とのふれあいが多くなり、２週間くらいで分解してくれます。そのあとで、株元に土寄せをしています。

なないろ畑の病害虫防除

有機農法で最もむずかしいのが、病害虫防除です。農学で教えられる病虫害防除の方法には物理的防除、化学的防除、耕種的防除、生物的防除がありますが、化学合成された農薬を使わないなかで、これらの方法ごとにそれぞれ対応した処置をしています。

物理的防除

物理的に病害虫を防除する方法として、なないろ畑では防虫ネットを多用しています。ネットトンネルは、防虫には圧倒的な効果があり、防鳥にもなって良いことづくめですが、除草をしたり収穫をしたりといった作業が面倒です。ネット越しに作物を見ることになり、意外と害虫の被害を見落とすことも多くなります。

「それならば、ネットのなかに人も入ってしまえばいい」ということで、徐々にネットハウスに変えていきたいと考えています。ただ、ネットハウスも風に弱いのが玉にきず。このネットハウスの改良に取り組んでいるところです。

化学的防除

化学合成されたいわゆる農薬を使わないだけで、自然界に存在するものを使ったお酢や草木灰、重曹などを使った化学的防除も行っています。つまり、酸とアルカリの活用です。

バクテリアは酸性に弱く、カビ的なものはアルカリ性に弱いので、これらを交互に散布する

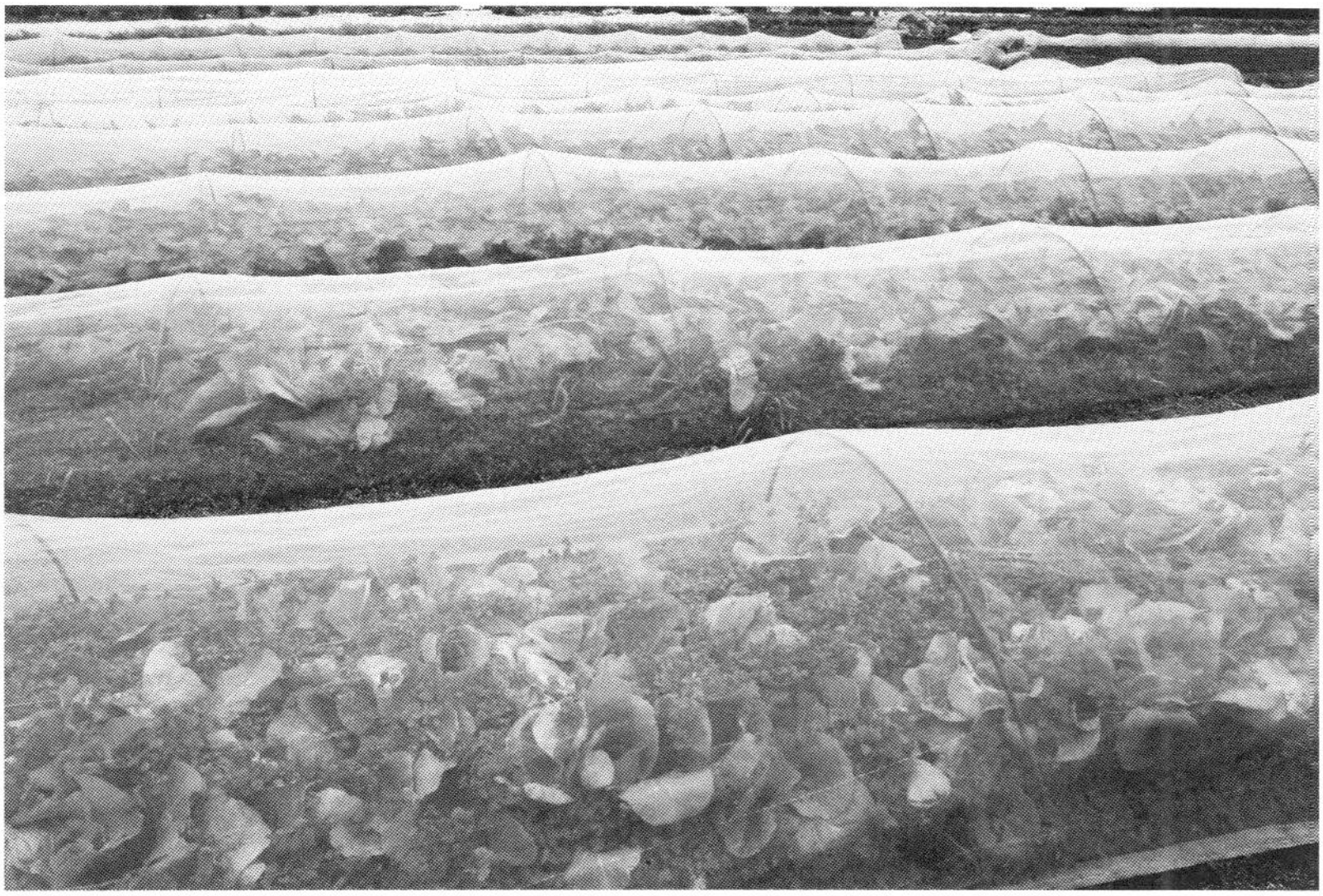

紅菜苔のネットトンネル栽培。防虫効果がある

ハクサイのネットハウス栽培。作業効率が良い

ことで病害を防除することができます。草木灰はミネラルが豊富なので、微量要素を補給することにもつながります。酸やアルカリをまくことで害虫にたいする嫌がらせにもなります。

耕種的防除と生物的防除

野菜と緑肥の輪作　なないろ畑では、会員向けの野菜セット用としていろいろな野菜を育てていますが、耕種的防除として輪作体系にもこだわっていて、野菜と緑肥（麦や大豆）を交互に帯状に栽培し、それを年ごとに回していく8年輪作体系をとっています。いわゆるストライプカルチャーです。畑のなかに多様な植物を育てることで、モノカルチャーの弊害を防いでいます。

また、いろいろな野菜を育てることが、畑のなかの生物多様性を維持し、それが天敵などによる生物的防除につながっています。

バンカープランツなどの導入　バンカープランツにも力を入れています。バンカーは一般的には銀行の意味ですが、掩体壕《えんたいごう》という敵の攻撃から兵士や兵器を守るための塹壕《ざんごう》という意味もあります。なないろ畑の周囲にはこの掩体壕という感じで周囲のよその農場との境界から約2m逃げるようにしています。この部分は普通の野菜をつくらずに、野菜畑を守るための障壁となる植物を植えています。

これは、周囲の農家からの農薬が飛散して、なないろ畑の農作物にふりかかるのを防ぐためです。これをドリフト対策といいますが、本来は農薬を散布している農家の側が対策を講じるべきなのですが、なないろ畑は新参者ですから、こちらのほうからは強く言えません。ここは引き下がって、むしろしっかりした掩体壕づくりを考えています。

最初のころは、「障壁作物」として夏から秋

図3－1　生物多様性を維持する

圃場のレイアウト（4年輪作の例）。輪作を実行する。耕種的防除でもある。

ソルゴー or ライダックス障壁（1.8m幅。風・ドリフト対策）

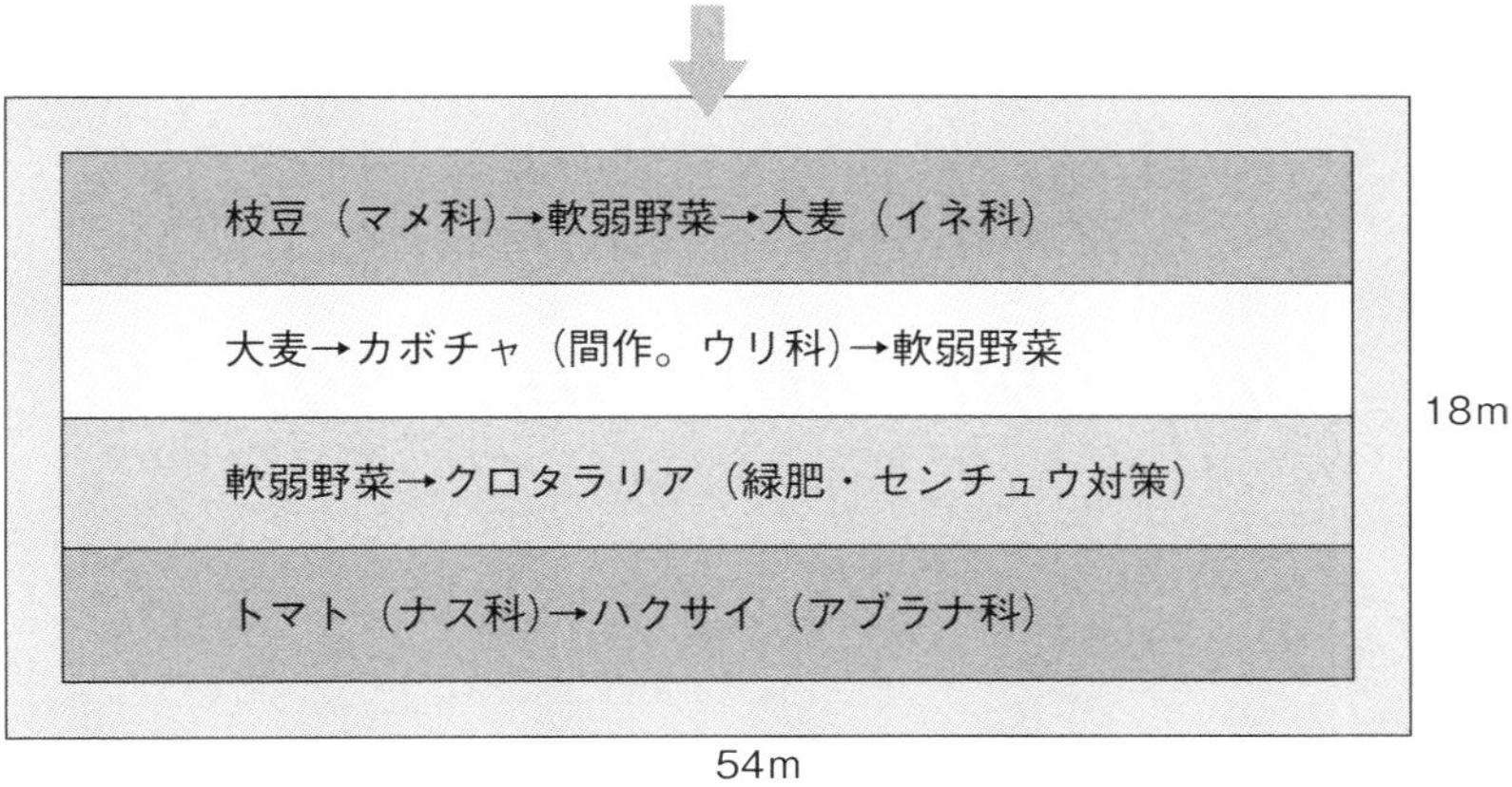

に背の高くなるソルゴーを、春にライダックスを栽培していました。稲科の非常に背の高くなる牧草の一種で、隣の農場からの農薬が流れ込まないように防ぐとともに、外周を食べてくれる天敵を養い、貯金のように蓄える「銀行」としても機能しています。

　しかし、この両者の牧草はともに、背の高い時期は一年のうちでも数か月です。ずっと壁のように立っていてくれれば良いのですが、すぐに寿命が来て枯れてしまいます。本来は一年じゅう障壁として立っていてほしいのです。

　そこで最近検討しているのは、南関東の極相林の代表的な樹種のシラカシを生け垣にすればどうだろう、ということです。昔はよく畑の境界にお茶を植えている農家がありました。お茶だと隣から農薬がかかってしまいますので、ここは欲張らないで、ドングリがいっぱい手に入るシラカシを育てて生け垣にしたら良いのではと考えています。「棒樫《ぼうがし》」にする、といわれるように強い刈り込みにも耐えられるので、この木に目をつけています。

さらに、たくさんの強健な花の種をミックスして、周囲にまきます。これはもうすでに実施していて、美しいので地域の人たちが喜んでいます。この花の混播《こんは》（数種の種を混ぜてまくこと）は、バンカープランツをさらに有益なものに変えました。

畑の周囲にたくさんの花があると、ミツバチがふえて果菜類などの着果率が著しく向上します。アブラバチ、コアブラバチといったアブラムシに卵を産みつけて寄生する寄生蜂もふえます。この寄生蜂がやっつけてくれるアブラムシの数は、テントウムシのそれの10倍以上といわれています。

これらのハチ類にとって、バンカープランツとして植えられた花は、ハチが生きていくための食べ物を供給する役割を担います。蜜源植物としても有望で、なないろ畑ではこれからは養蜂も手がけたいと考えています。

さらに切り花としてもすでに販売していますす。5月の最盛期には、こちらで用意した容器いっぱいに摘み取って1000円で販売しています。

敷きわらの多用　なないろ畑では敷きわらを多用していますが、これがあるとウヅキコモリグモ、キクヅキコモリグモといった地面を走り回るクモがふえます。こうした小さな生き物たちを養えるような環境を畑につくっていくことが、病害虫の防除につながっています。

夏場になると、まわりの畑と比べてなないろ畑の上だけに、昼はツバメやトンボが、夜はコウモリがやたらと飛んでいます。なないろ畑の生物多様性が豊かな証拠です。夏の夕方、蚊に悩まされていると、トンボが5～6頭飛んでき

イチゴ、ニンニクの混作畑の通路に麦わらを敷く

て私のまわりにいる蚊を食べてくれるのです。

麦作なくして有機なし

あらゆるところに麦をまく

ストライプカルチャーで野菜の間に麦を植えている畑は、ほかではあまり見たことがないかもしれませんが、なないろ畑では、ずっとこの麦作を大事にしています。

さらに、畑の周囲にぐるりとバンカープランツを植え、そのなかの畑を4分割してそれぞれ違う野菜を育てるのですが、その一つではかならず麦を育てるようにしていました。結果として、10ａの畑のなかで野菜を育てているのは5ａだけで、残りの5ａはバンカープランツと麦をつくっているという状態でした。

　麦はいろいろな使い方があります。例えばイチゴ畑の通路の部分には、パン用の小麦を4条植えます。そのうち両サイドの1条ずつは途中で刈り倒してイチゴの敷きわらにし、真ん中の2条は風よけとして残して実まで採るといった使い方をしています。

　また、カボチャやトマトなどの畝間にマルチ麦としてまいたり、通路にリビングマルチ（主作物の生育を続けさせ、地表を植物で覆わせる被覆植物）としてまいたり、畑の周囲に風よけ、ドリフト（吹きだまり）対策でまいたりと、ありとあらゆるところに麦をまいています。

畑の4分の1を麦作にしている

麦作の大いなる効用

　そのきっかけは、ある篤農家のおばあちゃんと話をしていたときに、「麦をたくさんつくっていたころは、害虫や病気はなかったよ」と言われたことでした。

　かつての畑作は麦や陸稲《おかぼ》がメインで、そのなかで多少の野菜を育てていました。しかし、いまは野菜だけで、それも一面に同じ野菜を育てるモノカルチャーが中心になっていることが、深刻な病害、虫害の原因の一つとなってしまっています。やはり、農業の王道に戻るという意味でも、なないろ畑には麦作が必要なのです。

　畑での麦作の効用は数えきれませんが、まと

ビール麦（二条大麦）の間に施肥溝を切り、カボチャの苗を植えつける

ピーマンの株元付近に、コンパニオンプランツとしてマリーゴールドを栽培

めてみると、①風よけ、②ドリフト対策、③ウイルス感染対策、④天敵を育てる、⑤敷きわらの供給、⑥有機物の供給、⑦冬の土の流亡を防ぐ、⑧アレロパシー（植物の排出する物質が他の生物に及ぼす作用）で雑草を抑制、⑨主食の生産、⑩美しい景観、⑪日だまり効果などが考えられるでしょう。

雑草対策

雑草対策としては、裸の土を表面に出さないことを徹底していて、例えばわらをマルチとして、その上で寝っ転がって作業ができるくらいに敷いています。

その畑が終わったあとはすきこんで、土ごと発酵法の微生物の餌にしています。

稲わらマルチは雑草対策に有効

また、先に紹介したように、空いているところにはコンパニオンプランツなりバンカープランツなり、なにかを植えてしまうというのも、雑草対策の一つとなっています。

夏場に畑の表面をシートで覆い、内部を高温にして太陽熱消毒を行うこともあり、雑草の種を殺すには圧倒的な効果があります。「雑草の種といっしょに微生物も死んでしまうのでは」と言う人もいますが、確かに表面3㎝くらいの

美しく楽しい花畑は人を呼び寄せる

夏場の雑草対策として太陽熱消毒

微生物は死んでしまいますが、その下は大丈夫。そのあとで耕起すれば、復活します。

人を呼ぶ農地にするには「見た目」も大事

なないろ畑の「なないろ畑」たるゆえんは、単作の農地と違って、多種多様な作物を栽培しており、見た目に美しく、楽しいからです。ここまで紹介してきたように有機で野菜を育てるためのテクニックとして必然でもあるのですが、その結果として、人を呼べる魅力的な農地になっていると自負しています。

また、第2章で紹介したように、会員の自主的活動であるサテライト・グループがふえてきたことにより、ハーブや花畑といったものによって、よりはなやかになってきています。

新顔のポニーだが、イベントではこどもたちの人気者

さらに2016年には、農場にポニーがやってきました。これは、地域住民（じつは座間市の市会議員さん）が飼育しているものが事情によってそれまでの空き地で飼えなくなったので、農場の一部にポニーの小屋と運動場をつくって引っ越してきました。

こうした動物がいるのも大きな魅力です。農地でないろいろマルシェを開催したときには、こどもたちを乗せたりして活躍してくれました。いずれは、ヤギやニワトリ、ミツバチなども飼いたいと思っています。

第4章

農場開設までの試行錯誤と到達点

　なないろ畑は、すんなりと現在のかたちに落ちついたわけではありません。試行錯誤を繰り返しながら、さまざまな変遷を経て現在のかたちになりました。現在もまだ完成型ではありません。ＣＳＡに至るまでの経緯と考え方を報告します。

畝間に米ぬかを施す。このあと、レーキで土と攪拌

ずっと農業にあこがれていた

なんのための勉強か

私自身は、もともと農家ではありません。先に述べたように東京の下町生まれで、明治時代に始まった欄間職人の家の四代目です。

戦後、祖父が欄間づくりの切り抜き技術をいかして、発泡スチロールやカッティングシートで切り文字をつくる会社を始めました。いわゆる町工場、家内工業のようなものでしたが、父親の代にはバブル景気もあって、展示会のディスプレイなどでかなり繁盛しました。

こどものころの私は、なかなかに生意気でした。父親はマッカーサーとプレスリーが大好きな人でしたが、私はそういうのがきらいで、喧嘩ばかりしていました。そんなこどもでしたから、なかなか学校にもなじめません。

私が高校（慶応義塾高校）に入ったころは、ちょうど部落解放運動が盛り上がっていました。高校生なのに学内にも部落問題に関心のある学生がいて学校側と対立していました。そんな学内の闘争に巻き込まれたりして、学校に行くのがどんどん嫌になっていきました。

また、当時の日本は高度経済成長期でしたから、学校でゲバ棒を振り回していた人たちが卒業と同時に髪を切り、自分の人間性を投げ捨ててまで上の人に媚びを売り、いわゆるモーレツサラリーマン化していくのをたくさん見てきました。

まじめにやっている人が報われず、調子の良い人が出世していくさまを見て、本当に、なんのために勉強するのかがわからなくなりました。学校にあまり行かなくなり、銀座の画廊で絵を見て回ったりして過ごしていたのですが、学校にたいしても、親にたいしてもストレスばかりがたまっていたのです。

そんな父親といっしょに暮らすのが嫌になり、高校生ながら中央林間に引っ越して一人暮らしを始めたのは17歳のときでした。

もともとは、都会暮らしをしていた祖父、祖母が、趣味の庭木いじりのために知り合いの紹介で手に入れていた小さな家があり、私も小学生のころからよく遊びに来ていたのですが、当時はまだ、周囲は草がぼうぼうでコジュケイが歩いているような田舎でした。

自給自足へのあこがれ

そのころ、アメリカでは反戦運動と並行してヒッピームーブメントが起き、フラワーチルドレンたちが全米各地にコミューンをつくって自給自足の生活を始めていました。産業社会に組み込まれずに生きていく方法がないかと悩んでいた当時の私にとって、そんな生き方は一つのあこがれでした。

ちょうどそのころ、『イージー・ライダー』という映画をリバイバルで観ました。そのなかで印象に残ったのが、ピーター・フォンダとデニス・ホッパーがハーレーダビッドソンでアメリカを横断していく途中に逗留したコミューンで、そこの住民が畑になにかをまいているけれど、砂漠みたいな土地だから芽も出ないし育たないというシーンでした。

「自給自足の生活をするためには、普通の農家よりもすごいスペシャリストにならなければだめだ」と感じ、自分も畑の勉強をしようと思ったことが、現在につながる私と農業との関係の大きなきっかけです。

慶応義塾高校は慶応義塾大学の日吉キャンパス内にあります。この日吉キャンパスには嵐が丘という小高くなっている土地があり、用務員さんがそこで畑をやっていました。

私は中学生のころから宮沢賢治が好きで、高校では仏教青年会に入っていたのですが、その部長先生から大学にお願いをしてもらい、畑を100坪借りて野菜づくりを始めました。中央林間から日吉までは、通学するのに1時間くらいかかりましたが、毎朝6時には畑に着いて、授業が始まるまで農作業に没頭しました。

馬術部から馬糞をもらって土づくりをして、種屋のおじさんには品種と栽培の極意を教えてもらい、馬術部の馬丁《ばてい》さんにはヤギの飼い方を教えてもらい、通学途中で見かけた農家の人をつかまえてはわからないことを聞いたりして、とにかく人に聞きまくりました。

「農業を教えてください」と行くと、農家の方は誇らしげに自分たちの持つ技術を包み隠さず教えてくれて、本当に勉強になりました。トラクターや耕運機のエンジンを切って30分も話してくれたり、「うちに来て、蒸しパンを食べていきな」などと言って、おやつまでごちそうになりました。

いま考えると、当時は農家が自分のこどもたちや周辺の住民から「百姓だ、汚い、臭い」と言われていた時代で、すでに後継者不足が始まっていて出会った農家のほとんどが60歳前後でしたから、私のような普通の高校生が農業の話を聞いてくれることがうれしかったのかもしれません。また、農家としての誇りを取り戻していたのかもしれません。

農業もむずかしい職人の世界

私は、こどものころから身近にいた職人のみなさんを尊敬していました。実家の家業である欄間づくりは確かな技術が必要なのはもちろんのこと、かなり文化的な素養も必要で、『古今和歌集』をそらんじたりできるような品のある人たちばかりでした。

とくに曾祖父や祖父の欄間づくりの技術はすばらしかったのですが、「この欄間づくりではこれから食べていけない」と、私には教えてくれませんでした。結局、今ではその技術は途絶えてしまっています。

農業もやはり職人の素地が必要な世界です。しかも最もむずかしい職人技が必要な仕事だと思っています。欄間づくりは基本的に作業条件が一定ですし、たとえ失敗しても、そのパーツだけ彫り直してはめ込むこともできます。

それにたいして農業は、ファジーな要素が多すぎるのです。気候も畑の土も毎年同じことはありませんし、育てる品種が変われば必要な技術も違います。それにいちいち対応していかなければならないのが農業ですから、そのための技術や知恵、応用力は、大変なものです。

二宮尊徳は、「植物それ自体の力があるので、農業はあくまで保護者の立場で手助けをするだけ」という趣旨のことを言っています。そういう意味では農業はだれでもできるという面もあり、それが農業の魅力の一つでもありますが、本気で取り組もうとしたら、それはもう奥が深くてむずかしい職人的な仕事なのです。

私が思う農業の最大の魅力は、自然相手の仕事ですから、まじめに努力すれば自然は正直でかならずそれに応えてくれるということです。当時の、まじめにやっている人が報われず、調子の良い人が出世していく社会とは違います。

私が畑を初めてつくった年は、南関東が大干ばつに見舞われた年でした。トウモロコシが立ち枯れし、乾燥に強いはずのサツマイモができないのです。私は大学の裏山の自分の小さな畑にサツマイモの苗を３００本植えました。干ばつがすごく、ずっと雨が降らないので、素人の私もこれはまずいと思いました。

そこで夏休みは朝5時始発の電車に乗り、1時間かけて学校の裏山の畑まで毎日通いました。学校の裏山の丘の上の畑は、アメリカンフットボールの練習場の脇にありました。練習場の反対側には、水道が来ていました。私は黒い45ℓのゴミ袋を2枚重ねにして、そのなかに水を入れて、何往復もフットボール練習場を横切って畑に運び、サツマイモや野菜に水をまいてあげました。そうこうするうちに秋になって収穫時期になりました。用務員のおじさんたちの畑は、サツマイモがほとんどとれません。

ところが私の畑はりっぱなサツマイモができています。当時は紅東という品種がまだなく、高系14号というずんぐりした品種でしたが、けっこうちゃんとイモがついています。するとこの様子を見た用務員のおじさんたちが、私のところに来て、「1株50円で売ってくれないか？」と話しかけてきました。「ええっ！　本当に買ってくれるんですか？」と驚いてしまいました。ともかく100株を用務員さんに売って5000円をいただきました。

生まれて初めて農業でお金を稼いだのです。今から四十数年前の5000円は相当良い金額です。新しく農地を切り拓くためのプロが使う開墾鍬をそのお金で買いました。

麦づくりにチャレンジ

サツマイモを収穫したあとには、小麦をまきました。映画『イージー・ライダー』のなかで、コミューンの住人は、まともに作物を育てることができませんでしたが、私はいよいよ主食の小麦を育てるという気持ちで燃えていました。

麦づくりの参考書はもちろん、土づくりの本も読んでいました。火山灰土の黒土がそもそもリン酸欠乏であることを知っていましたので、

主食の小麦を育てる（小麦畑トラストの取り組み）

土壌改良のために過リン酸石灰をまきました。当時はまだ有機農業のことを知らなかったので、参考書に書いてあることを忠実に守り、土壌改良をやって、さらに発酵した馬糞を肥料にして小麦をまきました。

小さな青い麦の芽が黒土の畑に条《すじ》をなして、ピーンと直立して並んでいる芽吹きの姿を見たときは本当に感動しました。やったーっと小躍りしました。恐る恐る麦踏みなどしながら年をまたぎ6月になって穂が金色に色づきました。麦刈りなんてしたこともありませんし、ましてどうやって脱穀してよいのやらわかりませんでした。日吉キャンパスのすぐそばで熱心に農業をやっているおじさんがいたので、質問に行きました。するといっしょに見にいってやろうと言ってくれて、麦畑を見てくれました。

「ああ、もう明日刈らないといけないねぇ。うちで脱穀してあげるよ」と言われたので、「じゃあ明日3時に学校が終わってから刈ります。おじさんのところにリヤカーで刈った麦を運んで行きます」と約束しました。翌日学校が終わって、丘の上の麦畑に来ると、もうその農家のおじさんが全部麦を刈り倒していてくれました。「お兄ちゃん、なにを肥料にまいた?」と聞かれたので、「馬糞と過リン酸石灰です」と答えました。「道理ですごい収量だ、この穂の重さはすごくいいよ」と褒めてくれました。高校生が過リン酸石灰でリン酸欠乏対策をしているとは思いもよらなかったようです。

こんな出来事が続いて、私は本当に農業に魅せられてしまいました。自然は正直で、努力がかならず報われる。こんなにおもしろい世界があるとは夢にも思いませんでした。私自身がラッキーなのは、周囲の農家のおじさんやおばさん、種屋のおじさん、馬術部の馬丁さんたちにかわいがられて、本当にいろいろなことを手取り足取り教えてもらったことです。

このようにがんばると結果に現れる仕事のおもしろさや達成感が、いろいろな障がいを抱えている人たちにとってのメンタル面で良い効果をもたらすということを、私は高校生のときに身をもって体験しました。ですからその体験が今のなないろ畑でも、今度はここに集まってくる人々にも、同じような良い効果をもたらしているのだと確信しています。

「そろそろやりたかった農業を……」

慶応義塾大学の三田キャンパスへの進学を機に、いったん農業的な活動は中断しました。それでも、いろいろな社会運動に参加しながら、「これからの農業は、原発と遺伝子組み換えが最大のネックになる」といったことを考えていました。

大学を卒業したあとは、農文協（農山漁村文化協会）に入会し、九州に赴任したのですが、すぐに身体を壊してしまい、やむなく辞めることになりました。家業の欄間づくりではカツラやクスなどの有用広葉樹を使っていたので「東京農業大学の林学に入り直して、有用広葉樹の生産に携わりたい」と考えていたとき、父親が心筋梗塞で倒れてしまい、そのまま会社を継ぐことになりました。

当時の私は23歳。こどものころから仕事を手伝わされていたので段取りは理解していましたし、ひととおりの仕事はこなすことができたのが幸いでした。当時はバブル全盛期で、ディスプレイの仕事は山ほどありましたが、人手が足りないと社員募集をしても小さな町工場などには人は来てくれません。

展示会の仕事が多かったので、盆暮れ以外の休日も仕事です。毎日ほぼ徹夜で仕事をしていました。それこそ人の3倍くらいは働いたと思います。

そうして必死に仕事を続けていたのですが、私が35歳のとき、ついに父親が亡くなりました。バブルのおかげで地上げ屋が売買した価格が役所の土地評価にそのまま反映されてしまうといった状況下で相続税が4億円、さらに父親が株に手を出したりビルを建てたりしていたので、それらの精算もしなければなりません。仕事だけでなく、そうした処理も大変で、数年かけてなんとか払いきり無借金経営にこぎつけたときには、本当にホッとしました。

また、祖父の代からの職人もたくさん残っていましたので、そうした方たちにちゃんと退職金をお支払いするまでが自分の役割と考えていたのですが、私が45歳になったころには、古くからの職人も無事に退職しました。

私の会社が主に手がけていた展示会などのディスプレイの仕事は、3日で設営して、3日間展示会があって、その翌日には全部壊してしまうというような仕事です。常々、「こんな虚しい仕事はもう嫌だ。本当にやりたいことを仕事にしたい」と思っていました。私の果たすべき役割を終えたと思えた40歳のとき、若いころからやりたかった農業に、ふたたび目を向けるようになりました。

「とらぬ狸のいも畑」から「なないろ畑」へ

公園の落ち葉かきと花苗づくり

40歳で、東京での仕事を続けながら始めたのは、中央林間の自宅隣の空き地を使った腐葉土づくりでした。それは、地域で起きていたある問題がきっかけになったのです。

当時から私は、地元の高層マンション建設反対運動などの地域の市民運動にもかかわっていました。そんな関係で親しくなっていたある老夫婦（慶応の大先輩でもありました）が、あるとき、自分たちの暮らしていた東急田園都市線中央林間駅近くの１５００坪もの敷地を書院と茶室を建てたうえで大和市に寄付し、自分たちは老人ホームに引っ越しました。

のちにその土地は公園となったのですが、近隣住民のクレーマーが「落ち葉がひどいからなんとかしろ」という電話を1日に2回も3回も大和市役所にしたことで、私がこどものころからずっと親しんでいたりっぱなヤエザクラの並木を、市がすっぱりと伐ってしまったのです。その木については、道に張りだしていたこともあり、仕方がないと市役所が判断したと思うのですが、その後もクレームが続き公園内の木がどんどん伐られていくのを見て、私はついに耐えられなくなりました。

「この木々を残してくれた人の気持ちがわからないのか。私が落ち葉かきをやるから、これ以上伐らないでくれ」と大和市と掛け合って伐採をやめさせ、それから以後は、毎年11月から正月まで、この公園の落ち葉かきを続けています。

啖呵をきったからには、集めた落ち葉は自分で処理しなければなりません。当時は農業者の資格を持っておらず農地を借りることができなかったので、自宅敷地内でできることはないかと考え、２・４ｍ×２・４ｍ×１・８ｍの枠を二つつくって腐葉土として発酵させることにしました。

公園での落ち葉かきを続ける

ちょうど日本じゅうでガーデニングブームが始まりかけていたころでしたので、その腐葉土を使ってワスレナグサやパンジーなどのオーガニックの花苗づくりを始めました。５０００鉢程度の花苗をつくっていましたがたいして売れるわけもなく、大量に残った苗は全部実家の敷地に植えていたので、当時は「すごい花盛りの家がある」と評判になっていました。

地域通貨グループとの出会い

そのころに出会ったのが、地元の生協の会員の主婦たちが始めた地域通貨サークル「クラブママーズ」です。

１９９９年、さまざまな社会問題の原因に現在の貨幣システムがあることを訴えたNHKのドキュメンタリー番組『エンデの遺言――根源からお金を問う』が放映されたことをきっかけに、日本では地域通貨ブームが沸騰していました。1997年にアジア通貨危機が起きたこともあって、人々は「為替相場などに左右されない、自分たちの地域経済を形成するための地域通貨をつくろう」ということで、各地で地域通貨が生まれていたのです。クラブママーズも、そうした動きの一つでした。

そうした人たちとのつきあいもあり、2001年、「参加者には地域通貨と花苗を差しあげる」ということで落ち葉かきのボランティアを募ったところ、大勢が参加してくれました。

私一人で苦労して行っていた落ち葉かきが、本当に、あっという間に終わってしまったことに驚きました。そして「落ち葉かきにもこうして人が集まってくれるのならば、みんなで野菜を育てて地域通貨で回していくこともできるのではないか」と思い、自分がやっていきたい農業のかたちが見えてきました。

私自身は2002年から本格的な就農に動き始め、まず神奈川県立かながわ農業アカデミー中高年新規就農研修（第2期生）を1年間受講しました。また、神奈川県が耕作放棄地を土地所有者から借り受け、農業に意欲のある県民に貸し出す制度の中高年ホームファーマー事業（第1期生）に採用されたことで、5ａの農地を借りることができました。

この農地で始めたのが「とらぬ狸のいも畑」。畑の約7割でつくっていたのがサツマイモだったので、こんなネーミングになりました。さらに、「とらぬ狸のいも畑」で農作業に参加してくれた人たちに支払う地域通貨として、「とらぬ狸のいも債券（略称：とらたぬ債）」をつく

借地でサツマイモやトウモロコシを栽培

りました。

参加者の作業時間に応じて発行する時間債券で、最終的な収量や経費、総労働時間から時間当たりの配当を算出し、minに応じて配当する仕組みでした。債券は60min、30min、15minの3種類あり、単位のminは、分（minute）と「官」に対抗する意味で民間の「民」をかけたものです。

この「とらぬ狸のいも畑」と「とらたぬ債」

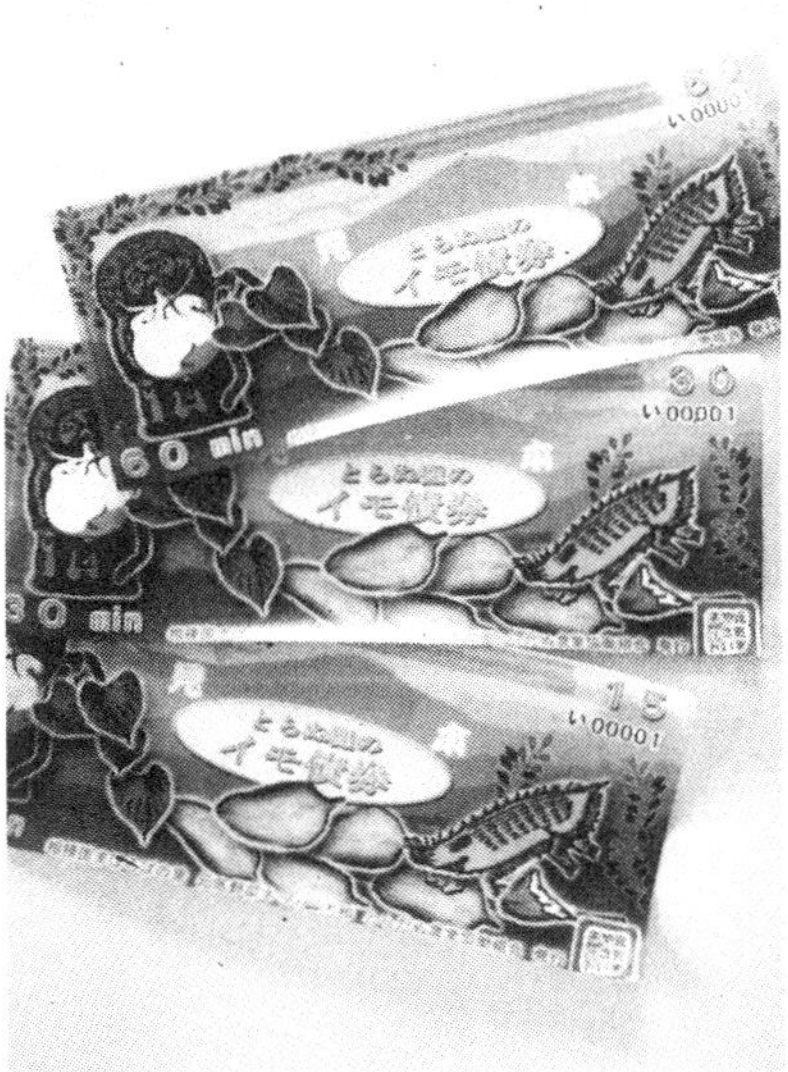

地域通貨の一種「とらぬ狸のいも債券」

の活動や考え方が、現在のななくいろ畑のCSAの原点となっています。当時から現在まで仲間としていっしょに活動している人もいますし、現在のいろいろな人が参加してくれることを歓迎する姿勢は、やはり地域通貨づくりという活動を経てきているからこそだと思います。

しかし、「とらぬ狸のいも畑」と「とらたぬ債」の試みは、残念ながら1年で終わってしまいました。神奈川県が2年目のホームファーマー用の農地を用意できなくなり、当時は農地法の壁があって認定就農者じゃないと新たな農地が借りられないという事情がありました。

本格就農して「なないろ畑」が誕生

2003年、住宅地の真ん中に10aの農地を借りることができ、本格的に農業を始めました。もともと植木畑だった土地で、「市街化区域で農地法の問題がないから、使っていいよ」と言ってくれる人がいたのです。

この土地の土は有機物がほとんどなく、赤土を5mの厚さで盛った建築現場のようなひどい状態でした。腐葉土を10~20t、さらに魚かすや牡蠣殻や焼成骨粉などをどんどん投入して、なんでも育てられるりっぱな土に改良し、ていねいに有機野菜を育てました。それは大変でしたが、これまでずっとやりたかったことですから、ひたすら農作業に没頭しました。当時の畑の写真を見返してみると、そのエネルギーの半端でないところがわかり、自分でも感心してしまうほどです。

そんなころ、近所におばあさんが通りがかりに「これは、なないろ畑だね」と声をかけてくれました。「近くにある畑は、どれも一つの作物しかないから一色だけれど、ここの畑はいろんな作物を育てているから、なないろ畑だ」と言うのです。なんてきれいな言葉だろうと思っ

生協組合員などが訪れたころの農場

赤土だった借地の土壌を改良

て、自分の農場を「なないろ畑農場」と名づけたのが、今も続く名称の由来です。

最初は一人で有機野菜を育て、駅前にある自然食品店などに卸していたのですが、就農してから2年目のころ、なないろ畑に主婦のグループがやってきて、「野菜を買いたい」と声をかけてきました。

自分たちの入っていた生協で買っていた有機野菜が偽装だったことが発覚し、本物の有機野菜を求めていたのです。子育て世代の主婦ですから、こどもを預けた午前中に来るのですが、私は基本的に午前中は収穫して出荷作業をしているので、彼女たちのめんどうを見てはいられません。そこで、「私はいないけれど、自分たちで収穫して、野菜代は自分たちで集計して、毎月支払ってください」という提案をし、収穫したぶんだけを積算して支払ってもらう方式がスタートしました。

もともと同じ生協の組合員のグループですから、グループで農場に来て、収穫して、みんなで野菜セットをつくって分け合っていました。この自分たちで収穫するということが、主婦たちにとても新鮮でおもしろかったようです。

パッキングの簡略化

自分でトマトやホウレンソウを収穫した経験がある消費者はそう世の中にはいないと思います。これがうけて、だんだんと会員がふえていきました。最初、私は収穫のやり方と、一般的にお店に出すさいのパッキング方法を主婦たちに教えました。汚い葉や小さな葉を取り除いてきれいに洗って、ボードンというピカピカの袋に入れるというやり方です。

主婦のグループはだんだんとめんどうくさくなってきて、自分たちはお店で売るわけでもないし、自分たちがすぐに食べるのだから、「こんなめんどうなことは各自でやればいいのよ」と言って、土を最小限落としただけにして、新聞紙でエイヤッとくるんで各自の取り分に分けてしまいました。お店に出すのでなければ、きれいな包装なんてむだな作業です。今まで農家の人が流通ルートにのせるために根を詰めてパッキングに費やしてきた時間を、かなり短縮できるようになるのです。

包装も新聞紙や一度使ったレジ袋などを再利用するようなやり方になりました。農家と消費者のあいだにたくさんの業者が入ることで、情報も遮断されていることに気がついただけでなく、輸送や包装にもたくさんのむだなエネルギーを費やしていることに消費者の側も気づかされたのでした。

楽しいランチ

さらに畑での収穫とハウスでの出荷作業は、

新鮮野菜を生かしたメニュー

パッキングの簡略化で時間短縮

思わぬ発見をもたらしました。

みんなが集まって収穫するので、農場にはたくさんの人が来ます。そのなかには料理が得意な人や調理師もいますので、自然にみんなでお昼ごはんをハウス（当時は育苗ハウスが出荷場）のなかで食べるようになったのです。これが畑ランチの始まりです。

ハウスのなかには薪ストーブもあり、なかなか冬は快適で火が見えて、じわっと暖まる薪ストーブの魅力にとりつかれました。この薪ストーブを使うことも今の出荷場カフェに受け継がれています。

農場が始まった当初は栽培面積も少なくて、時々、端境期になると会員全員に野菜を割り当てるほどはとれなくなりました。そんなときは野菜の配布をやめて、毎週月曜日はハウスのなかで、市場を開いていました。

農場は少しばかりある野菜を販売するほか、

会員は自分の手料理や手づくりの雑貨や不要品を持ち寄って、売り買いしていました。最後はみんなでごはんを食べるのです。この畑のなかの小さな市場もとても楽しい思い出です。これが今では畑フェスや出荷場フェスに受け継がれています。

なないろ畑のCSA化と株式会社化

会員がふえセット野菜だけに

主婦の口コミというものはすごいもので、なないろ畑で自ら野菜を収穫して買ってくれる会員が、最初の5人から、半年で20人、次の半年で40人、次の半年で60人と、どんどんふえていきました。

こうした会員のなかから、畑仕事が好きで、自分のぶんの収穫だけでなくさまざまに手伝ってくれる、またバーベキューなどのイベントにも積極的に参加してくれる、いわゆるコアメンバーも生まれました。当時のなないろ畑は住宅地の真ん中にあったため、そうした人たちが手伝いに来やすかったのも幸いしたのでしょう。

この人たちのおかげで、根菜類の収穫や堆肥用の稲わら運びなどの手間と時間のかかる仕事も、人海戦術でこなせるようになっていきました。そのため、野菜を卸していた自然食品店などとは徐々に疎遠になり、会員への野菜セット販売（月曜と木曜）がメインになっていきました。

煩雑な積算方式を簡略化

しかし、会員がふえていくにつれて、積算方式での請求が煩雑になっていきました。収穫量は季節によって変わりますから、積算方式による請求額もその時々で変化します。

セットの野菜が多いと「高い」と言われ、野菜が少ないと「足りない」と言われ、とにかく大変でした。それどころか、その週のなかでも、月曜日はまだトマトが青くて収穫できなかったからセットで1300円だけれど、木曜日はトマトがしっかり色づいたから収穫したので1800円になるということもしょっちゅうでしたし、会員の都合で「今週は月曜はだめだから木曜にします」となったりすると、お金の動きが煩雑になって、もうやっていられません。

もともとの会員は生協会員のグループでしたから、最初のうちは経理もしっかりしていたのですが、会員数が多くなるにつれて、わからなくなったり請求漏れがあったりということが多くなっていきました。

それとともに、なないろ畑の経営自体も売り上げの波による収入の不安定さがネックになってきていました。運転資金が足らなくなってしまうこともあり、毎日頭を悩ませていたのです。

そんなころ、たまたま月刊誌「現代農業」のなかにCSAを紹介した小さな記事を見つけ、「前払いで年間契約の仕組みはいいな」と思い、CSA方式に移行しました。野菜を1年間通して買ってもらうことを考えてもらい、そこから年間価格を決め、1か月ごとの値段を算出して前払いという仕組みは、収穫が少なかろうが多かろうが一定価格なので、経理的に非常に楽なのです。

現在まで続けてみると、CSA方式であることのさまざまな役割や効果が理解できてきましたが、当時はとにかく「経理を楽にしたい」という一心でのCSA移行でした。

しかし、当時カリフォルニア大学でCSAを研究している学生さんがなないろ畑を訪れたときに、コアメンバーが楽しく作業をしているのを見て、「カリフォルニアでは、すでにビジネスCSAが主流になっているけれど、ここはトゥルーCSAですよ」と言われました。

「えっ、トゥルーCSAってなんですか?」と思わず聞き返しました。その方によると、CSAが最初に始まったアメリカの東海岸のほうでは、消費者が農場に手伝いに行ったり、資金的な援助をしたりして、コミュニティを形成しているのですが、CSAが広がるにつれて、とくに西海岸のほうでは、消費者が野菜代としてただお金を払っているだけのところや、ただの流通業者、例えばスーパーみたいなところがCSAを名乗ってみたりして、本来のCSAから逸脱しているそうです。

このようにCSAという意味があまりにも拡大してしまったので、本来のCSAを「トゥルーCSA」という呼び方をして区別しているというお話を聞きました。

会費の徴収がめんどうくさいという理由で、このスタイルになっただけなのに……

成り行きでこのスタイルになっただけで、「日本で本格的なCSAを構築しよう」とは考えていなかったので、そう言われたときはとても驚きましたが、うれしかったことを覚えています。

農地をふやしていったが……

最初の農地は市街化区域でしたから借りることができましたが、やはり認定就農者でないと本当の優良農地を借りることはできません。かながわ農業アカデミー中高年新規就農研修や中高年ホームファーマー事業だけでは認定就農者の資格はもらえず、ある程度の経験が必要なのです。

そこで「やはり認定就農者になろう」と一念発起して、研修させてもらえる神奈川県内の有

借りた農地の土壌を改良し、サツマイモなどを栽培

有機農業を学んだ大平園芸の野菜畑（手前が大平勝さん）

機栽培農家をいろいろ探し、最終的に受け入れてもらったのが、長年にわたって地元の消費者団体「鎌倉土の会」などに有機野菜を提供していた大平園芸（神奈川県鎌倉市）です。

ここの代表で有機農業の先駆的な実践者である大平勝《まさる》さんに農業のコツを学んだことで、農家の仕事の全体像がつかめました。そうして2003年に神奈川県の認定就農者に申請し、認められました。

認定就農者になったことで農地自体も徐々にふやしていき、最大で2・1haにまで広がりました。どの農地にも丹精を込め、どんな野菜でも育つ土壌に改良していったのですが、借りている土地は突然返還を求められることもあり、本当にやるせない気持ちになります。

例えば、あるとき「農業共済新聞」の1面トップで、なないろ畑の活動を紹介してもらったことがありました。喜んで、その土地の持ち主に

「私たちの活動が、こんなふうに紹介されましたよ」と見せに行ったら「そんなのはどうでもいい。あと1~2年で区画整理するからそのつもりで」と言われたのです。そのときはショックで、3日くらい眠れませんでした。

借りた農地は、地主から「出ていってほしい」と言われたら、出ていかざるをえません。そんな目に何回もあったことで、「なないろ畑を持続させていくには、農地は買わなければだめだ。そのためにも株式で広く農地の資金を集めることのできる農業生産法人でなければ」という思いが強くなりました。

農業生産法人として株式会社化

2010年、私の個人事業主というかたちをやめて農業生産法人として、なないろ畑株式会社を設立しました。世界でもCSAとしては珍しい株式会社にしたのは、そのことによって、消費者が資金提供も含めて経営に参加できる農場だという意識づけをしたかったのです。つまり、コミュニティが株式会社を持ち、農業をやりたい若者を養いながら農場経営を続けていければいいな、という思いからでした。

消費者グループが農業生産法人格を取得すると、非農業者、つまり消費者の持ち株枠が、その人が農業者であれば50%まで認められているのです。農場にかかわる仕事を年間60日以上やっていれば農業者の枠に入れます。なないろ畑に手伝いに年間60日以上来てくれるボランティアの人たちは農業者になりますから、どんどんふやしていくことが可能なわけです。

当時、株式会社化したときの収支について、「こうなればいいな」と考えていたのは、次のようなものです。

会員100人で会費収入が1056万円。そのうち消費税などで56万円とられるとして、残り1000万円。有機栽培の場合、だいたい支出の4割が経費で6割が人件費ですから、人件費としては600万円。民間のサラリーマン程度の収入として当面は私が400万円の収入を得て、残り200万円を収穫作業などのパートタイマーに支払っていく。直売や株券購入などの会費収入以外の収入は、さらなる農地購入や設備投資、ボーナスにも使えるだろう、ということです。これはまあ、とらぬ狸の皮算用でしたが。

株式会社にした最も大きな理由は、世襲制にするのが嫌だったからです。以前の会社では私は四代目でしたが、だれにも負けないくらいに仕事をしていたつもりです。それでもまわりの人から「親の七光でやっているんだろう」と思われるのが、悔しくてたまりませんでした。

なないろ畑は、私がリタイアしたあとは、本当に農業をやりたい若者に継いでもらいたいのです。言い換えれば、なないろ畑をなるべくオープンにしたかったということでもあります。一般的な農家は、儲かる仕事を自分たちだけで囲って財務内容も教えてはくれませんが、なないろ畑は、かかわってくれる人たちみんなに利があるものにしていきたいという思いがあったのです。

3・11をきっかけに第2農場を開設

第2章で紹介した単作物型CSAの「お米トラスト」は、なないろ畑の第2農場がある長野県辰野町の田んぼで活動しています。この第2農場を開いたきっかけは、3・11の東日本大震災と原発事故でした。

なないろ畑の農場は、かつて行われた伝統的な循環農法にのっとって、地域の米ぬかや稲わら、剪定枝などを堆肥の材料として使い、薪ストーブの灰を肥料として使っていました。

しかし、3・11の原発事故によって、大和市でも放射性物質が検出されてしまいました。放射性物質に汚染されたものを集めて肥料にしてしまったら、なないろ畑の農地に放射性物質がたまっていき、ホットスポットになってしまいます。そうなってしまったら、とうてい安全・安心な野菜をつくることはできません。

そのときに少し考えたのは、汚染されていない地域に農場を確保することでした。いくつかの地域に調査をしに行ったのですが、なかなかよそ者を受け入れてくれる開放的なところが少なく、その選定に難航していたときに、たまたまなないろ畑で研修をしていた女性のつてで、長野県辰野町のNPO法人信州田舎暮らし研究所（有賀茂人代表）と知り合うことができました。

このNPOは、天竜川の支流域の中山間地を活発化させるための事業をいろいろと行っており、荒廃している田んぼを復活させています。会員が2万5000円を払って年7回活動に参加すると、100kgのお米を配当として受け取れるという、棚田オーナー制の仕組みで活動をしているところでした。

当初は有機物、薪の買い出しに通う

そのNPOの人たちから、「稲わらも米ぬかもたくさんあり、山で放置されている間伐材も薪としていくらでも提供している」と聞き、2011年10月から、毎月1～2回、買い出しに辰野町に通うことになりました。辰野は宿場町ということもあってか、かなりよそ者にも開放的なところも助かりました。

中央高速がいつも渋滞するので、朝早くに出発して、現地には朝の7～8時には着いているのですが、相手の農家さんは早朝から田んぼに出ていて、つかまりません。冬であっても、この農家さんは猟友会メンバーとして狩猟をしていて、やはりつかまりません。

一日ボーッと待っていても仕方がないので、山の手入れとかを手伝ったりしているうちに、「どうせなら」とNPOの田んぼに一口のって、米づくりを始めることにしたのです。それに会員がおもしろがって集まるようになり、5～6口にまで広がったので、「田んぼを1枚、完全に有機でやらせてほしい」とお願いして、お米トラストが始まりました。

朝から運転して辰野まで出かけ、一日田んぼ仕事をするのは大変です。「ちょっと休憩でき

汚染されていない薪を確保

購入した古民家は築150年以上

収穫間近の田んぼ

るような古民家を貸してもらいたい」とあちこち探していると、築150年以上の古民家が売りに出ていました。地主さんが、「ついでに田んぼ35ａも買ってくれたら、山林50ａはおまけする」というので、結局購入しました。

こうした経緯で第2農場が誕生したのです。また、最近では使われなくなっていた教員住宅（古民家の道をはさんで隣にある）を「草刈りをしてくれるなら」と無料で借りることができるようになりました。駐車場がなくて困っていましたが、この教員住宅の前庭は広くて多くの車をとめることができます。これで、大勢で出かけることも可能になりました。

元農場スタッフが移住

購入した田んぼは、そこに引かれている水の出し入れの構造が有機栽培には合わないため、畑に改造して高原野菜をつくり、本体の農場の夏の端境期を埋めることを考えています。

この第2農場には、神奈川の農場をリタイアした元スタッフが常駐しています。なないろ畑をずっと手伝ってくれていた女性で、なないろ畑の農業のやり方は全部知っていることもあって、農作業などを切り盛りしていただくことをお願いをしました。

現在、「農家民泊としても運営していこう」と準備しているところで、独立採算のサテライトでやってもらっています。

第5章

生産消費者として
コミュニティ形成

農場運営は、ボランティアに依拠せずに労働力不足を解消していかなければなりません。作業を「見える化」するために労働時間券などを発行したり、農場を地域のセーフティネットの場にしたりして、農のあるコミュニティを形成しようとしています。

フラワーアレンジメントなどを手がける花畑チーム

非コアメンバーがふえすぎたことによる弊害

安全・安価な有機野菜を手に入れるためだけの場ではない

なないろ畑は、当初は「積算方式がめんどうだから」と始めたCSA形式ですが、気がついたら消費者参加で、みんなで力を合わせて農場を運営していくというスタイルになっていました。周囲からはありがたいことにトゥルーCSAだとの評価もいただいています。しかし、その内情はというと、けっして思惑どおりに進んでいるわけではありません。

第2章で紹介してきたように、CSAの基本的な考え方は「美味しくて安全な野菜が欲しいならば、必要としている人が労働力を負担するべきだ」ということです。

また、CSAは「安心で安全な野菜を日常的に食べたいけれど、高価だから手に入れられない」という人たちが、「それならば自分でつくろう」と労働力を負担することで、そのぶんだけ安く有機野菜を手に入れることができる仕組みでもあります。

とくにトゥルーCSAについては、「会員になって野菜を購入すれば、それが農場を支えることになる」という認識では成り立ちません。

なないろ畑の活動をしていて最も悲しいのは、集荷場に野菜を受け取りに来たときに、中でだれかが作業をしていても挨拶もせず、自分の野菜セットをさっと持ち帰っていく人がいることです。

そういう人に限って高級車で乗りつけてきたりするのです。私たちは、そういう人のために有機野菜をつくっているわけではありません。

労働力を提供せずに安い野菜を得るのは、トゥルーCSAの仕組みにただ乗りしているようなものです。もともと、手間と時間のかかる有機野菜は高価でしかるべきものですから、その値段で買える人はそうしてくれればよいのです。

労働力の提供を基本にして

消費者が農作業に参加する

なないろ畑がCSAを始めた当初は、会費収入のことしか考えておらず、「会員は労働力を提供する」ということを明記していませんでした。それでも自ら進んで作業をボランティアで手伝ってくれる人たち、いわゆるコアメンバーがいたから、なないろ畑は成り立ってこれたのです。

ところが、年々会員数がふえていったのはありがたいのですが、労働力を提供してくれるコアメンバーの数はふえてはいません。なないろ畑の理念も知らないし、農業にかかわろうという思いがない人がふえてしまっているのです。会員がふえれば、それだけ供給するべき野菜の量もふえ、農地の規模拡大を余儀なくされます。

それなのに労働力を提供してくれない非コアメンバーがふえているだけですから、労働力不足は深刻です。忙しすぎて、私は2016年の1年間で7kgもやせてしまいました。やむなく労働力を有給スタッフで補うことになりましたが、そのことで支出がふえてしまい、正直などころ、なないろ畑ではここ数年、人件費が膨大になり赤字が大きくなっているのです。

本来のトゥルーCSAに戻すために

半農半X対応型農場で作業の義務化

いま私は、なないろ畑の会員になるためのハードルを高くして、それで会員数が減ったとしても本来のトゥルーCSAに戻すべきだと考えています。会員一人ひとりが会費として経費を負担し、かつ自分で行える作業を見つけて参加することを義務化して、結果として野菜を山分けするというかたちに戻していきたいのです。

こうした活動に参加してくれるのは、農業や食に関心はあるけれど家庭菜園を楽しんだりレジャーとしての農作業体験にとどまる人たちと、プロの農家の中間くらいの人たちです。消費者ではなく「半生産者」、実態としては、平日は普通に仕事をして休日は農作業を行うような、いわゆる「半農半X」的な生き方を模索しているような人たちを、新しいコアメンバーとして迎え入れていきたいと考えています。言い換えれば、なないろ畑は、農業体験型農園とプロの農園の中間に位置する「半農半X対応型農場」なのです。

いまにして思えば、このような状態になってしまった原因の一つは、農地法の壁でした。第4章で紹介した、なないろ畑の前身である「とらぬ狸のいも畑」時代の「とらぬ狸のいも債券(通称：とらたぬ債)」を発行していたときは、ある意味で私も一消費者であり、まさに「消費者主導型」の農場になっていました。

しかし、多くの農地を確保するために、私が生産者になる必要があり、結果として、あくまで生産者としての私を消費者の会員が助けるといったかたちになってしまっていた面もあったのだと思います。

ボランティアではなく生産消費者として

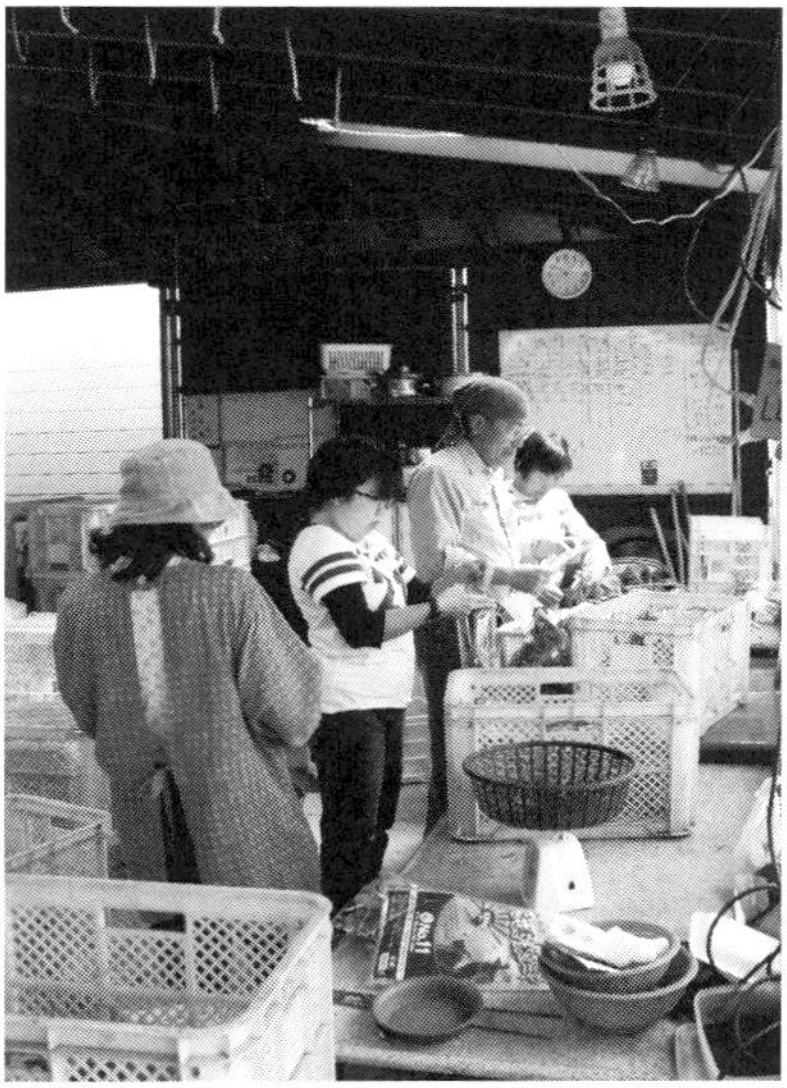
主体的に小分け作業などを担う

そういう意味では、ここまで農場の仕事を手伝ってくれる人たちを「ボランティア」という言い方をしてきましたが、その言葉も適当ではないと思っています。日本ではボランティアという言葉は「他人のために無償でやる、奉仕する」といったイメージがありますが、彼らの仕事は奉仕ではありません。

彼らがやっているのは、自分のぶんの野菜を得るための必然としての労働なのです。後述しますが、今後はそうした仕事にたいして労働時間券を発行する予定ですから少なくとも無償ではなくなりますが、かといって「有償ボランティア」という言葉もしっくりきません。

ボランティアに変わる言葉をずっと考えていて、なかなかぴったりな言葉が見つかっていないのですが、『第三の波』で情報化社会の到来を見通した未来学者のアルビン・トフラーが１９８０年に発表した、生産者（プロダクター）と消費者（コンシューマー）を組み合わせた造語の生産消費者（プロシューマー）という言葉が近いように感じています。

ちなみに、トフラーは『アルビン・トフラー――「生産消費者」の時代』（田中直毅との共著、NHK出版）で、「自分で使うため、もしくは満足を得るために財やサービスをつくり出す」人が「生産消費者」であると告げています。

労働力不足解消の一計として、2017年から、ベビーリーフやイチゴなどの「野菜収穫券」を、野菜セットに入れることを始めてみました。この券を持って畑に来てくれれば、一定量の野菜がとれるというものです。

野菜収穫券の発行

野菜収穫券の発行は、やむにやまれぬものでした。収穫のための労働力を雇うお金がなくなってしまったのです。農場はこれまで、無理をして資金をひねり出してきてなんとか有給スタッフを雇って維持してきましたが、もはやこれまで。イチゴやベビーリーフは収穫に手間がかかります。そのうえ収穫してからの鮮度を保つことがむずかしい作物です。

なないろ畑のイチゴは昔のやわらかいイチゴです。今のイチゴは長距離の輸送やお店に長時間置いておけるようにかたいイチゴです。昔はイチゴに牛乳と砂糖をかけてスプーンでつぶして食べたものですが、最近のイチゴはスプーンでつぶそうとしてもかたくてつぶれず、スプーンが滑ってお皿を割ってしまいそうになります。

なないろ畑の昔ながらのイチゴはやわらかいので、すぐに傷んでしまい、今ではどこにも売っていない「幻のイチゴ」なのです。なないろ畑の野菜は、24時間自由に取りに来ることができます。野菜を出荷場に取りに来るのが遅い人も多いのです。せっかく農場のスタッフが収穫し

多くの人を呼び寄せる花畑

ても、イチゴやベビーリーフなどは、すぐに取りに来ないと、傷みが激しくなります。

それなら、「会員が自分で取りに来ればいいじゃないか?」と発想の大転換をしました。初期のなないろ畑農場が畑のなかのハウスを出荷場にしていたときのことを思い出しました。

あのときは収穫も消費者がやっていたので、鮮度は最高でした。それに先ほども述べましたが、会員のなかには一度も畑に来たことのない人が多いのです。会員が自分で収穫に来てもらえれば、収穫のための人件費も減り、会員に畑を見てもらうことにもなり、一石二鳥です。こうしてピンチはチャンス。発想の大転換を行いました。

最初はだれも来ないのではないかと思っていましたが、意外と来る会員が多かったのです。5月のなないろ畑は最高にきれいです。農場じゅうに花が咲き乱れています。はじめて畑に来た会員はみんな一様に驚いていています。「こんなに大きい農場だったとは思いませんでした」という感想も多かったのです。

農場に多くの人を呼び寄せることのできる各種の野菜収穫券は、CSA農場にとってすばらしいアイテムです。これは地域通貨の一種としても使うことができます。野菜が担保になっているしっかりとした地域通貨です。

野菜収穫券で危惧していることは、結局忙しくて畑まで来られず、せっかくの野菜収穫券がむだになってしまうことです。これについて検討していることがあります。それは野菜収穫代行という仕事です。

なないろ畑には毎週火曜日に高齢者のデイサービスの人たちが来ます、その他にも高齢者の人たちが三々五々来ます。また、月2回水曜日に生活自立支援団体の人たちが来ます。こども食堂の人たちともつながりがあります。

こうした高齢者や障がい者、こどもたちに収穫代行グループをつくってもらい、収穫券を預かり、代わりに収穫をする仕事をしていただこうと思っています。これらの収穫物の例えば3割を収穫代行チームがお礼にもらえるようにしたら、地域のなかで、ものとサービスの交換が行われる新しい地域経済が生まれることになります。もちろん農場も安心して野菜収穫券を発行できるようになります。こうして農業を中心に人のつながりがますます広がっていくことになります。

いま考えている月ごとの野菜収穫券は以下のとおりです。

1月　秋ジャガイモ
2月　秋ジャガイモ
3月　フキノトウ
4月　ベビーリーフ
5月　ベビーリーフ、イチゴ

6月　タマネギ、ニンニク、インゲン
7月　春ジャガイモ、ミニトマト、ピーマン
8月　ミニトマト、ピーマン　キュウリ
9月　ミニトマト、ピーマン　キュウリ、インゲン
10月　ベビーリーフ、インゲン
11月　サツマイモ、サトイモ、ベビーリーフ
12月　秋ジャガイモ

このような品目で、収穫に手間がかかるものを会員が自分で収穫するようにしたいと考えています。

収穫したジャガイモ（アンデスレッド）

みずみずしいキュウリ

収穫したモロヘイヤと丸莢オクラ

地域通貨への回帰

いま、本来のトゥルーCSAに戻すために考えているのは、地域通貨の復活です。先に紹介した野菜収穫券も地域通貨として使います。

労働時間券　二つ目が、「とらたぬ債」のような労働時間券（アワー券、時間債券）です。会則に「労働時間券を提出すると割引になる」といった内容を盛り込み、地域通貨を使うことで会員を絞り込んでいくことを考えています。つまり、労働力を提供しない人からは会費をたくさんいただくということです。

将来そのような体制に変わっていくことを見越して、2017年の5月から、作業を手伝ってくれた時間に応じて支給する労働時間券「NANAIRO - HOUR」の発行を始めました。コアメンバーたちはこれまでも、農作業や野菜の仕分けだけではなく、野菜の配達や経理仕事の手伝いなど、なないろ畑にいろいろなかたちで協力してくれましたが、その貢献を「見える化」するということでもあります。

コアメンバーは奇特な人が多く、「報酬が欲しくて手伝っているわけではない」と言ってくれますが、こちらとしては心苦しいところがありました。この労働時間券の発行をすることで、私の気持ちもすっきりしましたし、コアメンバーの人たちも案外喜んでくれているようです。

逆に農場にお手伝いに来ることができなくて、心苦しくなって退会する人も多いのです。そういう人たちのために、会費を値上げしようと思います。会費を値上げして、お手伝いに来られない人はお金を多く払ってもらいます。今まであまり恩恵のなかった農場の手伝いに来る人には、なないろ畑の労働時間券をさしあげますので、その労働時間券（アワー券）を持っている人にはその券の枚数で一定金額の範囲で割引をしていきます。

中山間地の集落がよくやっているような共同作業に参加しない人には「出不足払い金」を課すことも考えたりしましたが、会費を高く設定し、労働時間券で割り引くほうがスマートな気がします。その労働時間券が、いろいろなところで、地域通貨として使えるようになればおもしろいと思います。

野菜セットを引き取る

とくに、これからの経営はワーカーズ・コレクティブ（メンバー全員が出資し、経営に責任をもち、労働を担う、働く人の協同組合）方式にする予定なので、労働時間券はまさにタイムカードと同じ役割を果たします。

野菜セット券　さらに野菜セット券も出そうと思っています。一年間の会費を払ってもらうことで、年間48週の野菜セットを受け取る権利がありますが、この権利を「野菜セット券」にしてしまうのです。

会員でも野菜が食べきれないから今週は休みたいとか、用事があって出かけてしまうので野菜セットを取りに行けないという人が、野菜セット券を第三者に売ったり、寄贈したりすることも可能になります。

今週の野菜セット券をこども食堂の主宰者や自立支援の組織にさしあげれば地域の福祉に貢献することにもなります。

地域通貨「PON券」の発行

また、なないろ畑では、2016年からお金と交換できる地域通貨「PON券」を発行しています。

例えば、収穫祭などの大きなイベントなどを開催するときは、入り口で農場会員登録と会費の支払いをしていただいて、さらに会場内で使用するためのPON券と交換します。各ブースではこのPON券でやりとりをしてもらっています。

一般の人はPON券から現金への換金はできませんが、会員やブース出展者には80％、1000PONならば800円の現金に換金して戻し、残りの200円は場所の維持費やなないろ畑へのカンパということで農場の収入にさせてもらうというものです。

今後は、この4種類の地域通貨を組み合わせて活用し、農場を運営していくことを考えています。ハードとして、農場にはりっぱなハウスもつくって十分に充実させます。長野県に第2農場までできました。これらのハードをうまく活用していくためにも、新たなソフトが必要な時期に来ています。

そういう意味で、私たちの農場の出発点であった地域通貨の仕組みをもう一度導入することで、これからの時代を乗り越えようとするものです。

折しも第2次地域通貨ブームが始まる機運が盛り上がっているような気がしています。同じ神奈川県内でも相模原市の藤野町で地域通貨が使われはじめ、地域通貨の全国サミットも開催されました。

これもたまたま偶然ですが、私たちの農場とつながりのある高齢者福祉施設が経営しているパン屋さん兼カフェのカフェ・ラボでは、独自

カフェ・ラボの地域通貨

の地域通貨が使われています。さらに驚くことに、私たちの第2農場がある辰野町の件でお世話になっているＮＰＯが、山に放置された間伐材を薪にして地域興しのスモールビジネスにしようと「木の駅プロジェクト」という名前の活動をしています。

ここでも、地域通貨が使われ、薪をつくった報酬を地域通貨で受け取り、地元の弱っている商店街で使えるような取り組みをしています。これも本当に偶然です。

こうした他の地域通貨を使っているグループとの相互乗り入れができれば、コミュニティがさらに豊かな地域経済をつくり出すことになります。

なないろ畑がこれからめざすもの

コミュニティづくりのツール

２０１７年の3月から集荷場をカフェ的なスペースにしたのですが、そのことで気づいたことがあります。

これまでのなないろ畑の求心力は、基本的には「安心・安全な野菜」だけでしたが、それを加工、調理して食べられるかたちにすると、これまで集まってきた人たちとは違う層の人たちにもアピールすることができます。それこそ、野菜だけのときよりも、10倍くらいの求心力があるように感じます。それならば、そこに地域通貨をかませていけば、よりおもしろいことができるのではないかと考えています。

ないろ畑にできているコミュニティは野菜があってこそで、どうしても人脈は限られます。しかし、パン屋ならパン屋、カフェならばカフェのコミュニティがあるわけで、それらと相互乗り入れをしていくツールとして地域通貨は役に立つはずです。

また、農作業はできないけれど他のやり方で、例えば将棋や囲碁をこどもたちに教えるといったことで地域社会に貢献できる人はたくさんいます。そうした人たちに積極的に活躍してもらうためにも、地域通貨は有効です。CSAに限らず、さまざまなコミュニティの地域通貨と連携しながらつながることができれば、より地域に重層的なネットワークがつくれるのではないかと感じています。

農場を地域のセーフティネットに

現在は、高齢者の孤独死や、行き場をなくした貧困層のこどもたちなど、社会で居場所を失っている人たちの問題が大きな社会問題となっています。なないろ畑は、そういう人たちに居場所を提供するセーフティネットとなっていきたいと考えています。

出荷場をカフェにしたのも、その一環です。例えば、夏の最盛期にナスが大量に収穫できたとして、会員に毎週2kgのナスを送りつけるわけにはいきません。一部は集荷場前の直売所で販売していますが、それでも余ってしまうことはあります。かといって、スーパーなどに卸すのも、いまさらやりたくはありません。

また、「これは、さすがに野菜セットには入れられない」といったB級品の野菜も、どうしても出てきます。そうした野菜を料理して食べてもらったらよいのではないか、というのがもともとの考え方でした。

では、その料理をだれに食べてもらうのか。

発足当初からの熱心な会員もだんだんと高齢化してきていて、例えば「連れ合いが亡くなって、野菜セットを食べきれない」と会員をやめてしまう人も出てきています。そういう人にも会員を続けてもらい、集荷場で体力に負担のないような仕事をしてもらいがてら、会費で野菜を受け取る代わりに食事をしてもらえればいいのではないかと考えました。

また、いわゆる孤食になってしまっている地域のこどもたちに食事を提供する「こども食堂」を開こうというプロジェクトが発足して、大和市に助成金を申請したことがありました。じつは、「申請のためには、保健所の許可がなければならない」という偽情報に惑わされ、先走って集荷場内をリフォームしてしまったというのがカフェオープンの真相です。

残念ながら助成金申請には落ちてしまったのですが、そうしたこどもたちに食事を提供したり、料理教室を開きたいという思いは、引き続き持っています。

このカフェが、居場所のない高齢者やこどもたちのたまり場となれば、地域にとっては大き

図５－１　なないろ畑の展開と課題

農業体験などもできるユーピック型の農場を追究

農作業にも参加する機会をつくって、コアメンバーもふやす

出荷場カフェを癒やしの場に

食を軸に高齢者、こども、生活弱者などが集まる多目的の居場所に。ライブや講演会、映画鑑賞なども

農産加工、園芸療法、農福連携

農産物の加工・販売、ハーブ園などでの園芸療法、社会福祉法人などとの農福連携の推進

会員主体のコミュニティ農業の確立

支援型 CSA ではなく、都市近郊の立地条件を生かした消費者・地域住民の参加型 CSA 農場に

なプラスになるはずです。こどもたちは、なんでも話を聞いてくれるおばあちゃん的な存在は大好きですし、元気なこどもたちと一緒にいることで高齢者も元気になります。そうしたつながりができることで、地域の技術や伝統も引き継がれていくことでしょう。

ハーブチームが社会福祉事業所と連携し、ハーブ園造成のために農場の一部を整備

社会的弱者の自立を促す

もちろん高齢者やこどもに限らず、社会に馴染めずに仕事をドロップアウトしてしまった人や障がい者といった、いわゆる社会的弱者といわれる人たちにとっても、そうした機能を果たせると思っています。

なないろ畑にも、3年間某一流企業に勤め、残業しすぎて燃え尽きてしまった人が、ずっと手伝いに来てくれていました。10年以上なないろ畑にかかわったことが、精神的なリハビリになったのでしょう。近年になってNPO法人で働き、社会生活への復帰の第一歩を歩み始めました。その人だけではなく、なないろ畑を経由して社会復帰していった人は何人もいるのです。もともとそんなつもりで受け入れたわけではありませんが、彼らにとってはなないろ畑がセーフティネットになっていたのだと、いまになって思います。

また、第2章でも紹介しましたが、サテライトグループの「ハーブチーム」を中心に、県内の社会福祉事業所と連携しての「農福連携」にも取り組むことになりました。国内で農福連携がうまくいった事例がふえてきたようですが、CSAのなないろ畑だからこそ、できることは多々あるのだと思います。なないろ畑は、そうした地域のセーフティネットの場となるべく、新しい試みをいろいろと広げていきたいと考えています。

一方で農場でも、これまでのような野菜づくりだけではなく、発足当初のなないろ畑のように自ら収穫してもらう、いわゆる「ユーピック農場」も整備していきたいと考えています。ユーピックとは野菜や果物などを自分たちで好きなだけ収穫し、帰りに代金を農家に支払う仕組みです。

じつはコアメンバーの多くは、そうして農作業を体験したことで、その魅力にとりつかれた人たちです。前述したような半生産者的な、半農半X的な会員をふやしていくためには、やはり農作業の魅力を知ってもらう必要があります。「ユーピック農場」で農作業を経験してくれた人のなかから、コアメンバー的な人が育ってくれることを願っています。

都市と農村の良好な関係を築く

辰野町の第2農場は、大和市の農場本体が夏の端境期になったときなどに高原野菜を提供できるような機能を考えています。

また、会員の福利厚生施設的に別荘として使ってもらうこともOKですし、万が一、大和市周辺が大災害に見舞われたときの避難場所としても考えています。3・11の原発事故はもちろん、ここ数年頻発している地震と津波を見ていると、「そんな災害は万が一にも起こらない」とはとても言えません。そういう意味では、第2農場も、私たちにとってのセーフティネットでもあるのです。

そのためにも、これからも都市と農村との良好な関係を築いていきたいと考えています。そのためには、農村側の私たちがなにができるかを考えなければなりませんが、やはり大きいのは人材です。なないろ畑で研修してきた人は、これまでにも各地に移住しています。今後そうした若い世代が出てくれればと考えています。

移住だけではなく、すでに会員の保養所として機能していて、とくに夏場には人がどんどん訪れています。そのことは過疎で悩む地域の人々にも喜ばれています。なにせ、村の平均年齢が80歳近いというくらいの高齢化過疎村ですから、若い人を連れて行くだけで喜んでくれますし、なないろ畑の会員のアメリカ人を連れて行ったときには、「うちの集落にアメリカ人が来たのは初めてだ」と言っていました。

第2農場をエコビレッジに

私には、第2農場を拠点にして、エコビレッジ（持続可能性を目標とした地域づくり、社会づくりのコンセプト、またはそのコミュニティ）のモデルをつくりたいという夢があります。

食料やエネルギーは完全自給、すべての経済活動で地域通貨が流通している完成されたコミュニティで、だれでもそこに来てエコロジー的な取り組みを体験することができるだけでなく、移住希望者も積極的に受け入れるような村を完成させてみたいのです。ある意味で、なないろ畑はコミュニティづくりですが、ここでは地域経済そのものをつくってみたい、ということです。

長野県の中山間地から神奈川県へは高原野

菜、山菜、きのこ、米ぬか、薪などを供給することができます。逆に神奈川県から長野県への中山間地にはなにを届けられるでしょうか。それは「人」だと思います。

これからCSAをめざそうとする方々に

人が集まる農場づくり

私は、なないろ畑を運営しながら、大学や農業大学校で話をする機会が多くあります。また、なないろ畑では「有機農業がやりたいけれど食べていけない」という人たちの研修を受け入れていて、出荷場での座学や畑での実技で、私が知っていることはなんでも伝えています。

第2章でも紹介したように、なないろ畑の理念は「エコロジー型社会の実現」であり、エコロジー型社会の要となる第1次産業を復権させていくことです。そのためには、意欲ある若者がどんどん育ってほしいのです。

そうした若者たち、とくに都市近郊で有機栽培農家をめざそうという人たちには、「従来のように野菜を外で売るのではなく、ぜひ、人が集まって来るような農場をつくってください」と言っています。

いまの野菜づくりは、地産地消や身土不二《しんどふじ》（身近なところで育った旬のものを食べて暮らすのが良いとする考え方）といった言葉はどこへやらで、今や各地の野菜を通信販売で買える時代になっています。そんな野菜を買う人たちは、なにかおしゃれな包装とかで目を引けば食いついてくるのも早いですが、飽きるのもすぐで、相手を換えることになんの躊躇もありません。

そんな人を相手にして、おしゃれな包装やき

畑大好き人間がどんどん集まり、コアメンバーになっていく（春先のBBQパーティ）

れいなチラシづくりに腐心しても、それだけの値打ちはありません。それより農場に来てもらい、できればいっしょに野菜づくりをしていくような関係をつくってもらいたいのです。

人が集まる農場にするために必要な要素は、「美味しい」はもちろん、「楽しい」「美しい」といったことを備えていく必要があります。これらに加えて、なぜその農場を開くのか、根底にある理念とか理想をしっかりと発信することが大切だと思います。

私の場合は、やはり「平和」への思いが根底にあります。戦争や紛争がない社会をつくっていきたいのです。大和市という土地柄もあり、基地の反対運動に携わっています。そんなことを口にするだけで腰が引ける人はいるし、敵をつくってしまうこともあります。

しかし、そういう思いを発信することで、敵をつくってしまうけれども、その数倍の味方ができます。そのことは、これまでの経験から実感しています。思いを伝えれば、それをわかってくれる人はかならずいるのです。そうした思いも込めて、私は若い人たちに話をするときは、最後にかならずこう言っています。

「有機栽培農家は、野菜を育てるだけでなく、人を育て、社会を育てなさい」

CSAに取り組むさいの留意点

私たちの農場は、10年以上の試行錯誤を繰り返してきました。そのなかで見えてきたことはたくさんあります。通常の農家さんが中心になってCSAをやるのならなんでもないことが、消費者を中心にCSAをつくろうとするときはいろいろな障壁があります。

①経営的に無理をしないこと

兼業で出発して、農業収入が安定したら専業に移るくらいの気持ちでやりましょう。最初から専業で農業をやろうと思わないほうがいいです。大豆トラストのようなかたちでも始められます。

ただし農地を借りたり買ったりするためには、農業者の資格がいります。これがネックになるでしょう。だれか一人を新規就農者にして人柱か生け贄《にえ》に捧げる必要があるからです。

この点では私が第1期生だった神奈川県のホームファーマー制度が、非常にすぐれたシステムだったと思います。家庭菜園よりも一回り大きい最大500㎡の農地を貸してもらえるからです。それも指導つきです。

とはいえ、ホームファーマー制度も限度がありますので、どんどん大きな農場にしたいなら、そういう願いを聞いてサポートしてくれるような組織が欲しいです。実際に日本にもCSA協議会のような組織ができて、そういう土地の問題などをサポートできる体制ができれば良いと思います。

②仲間をつくること

とにかくいっしょにやろうという仲間をふやすこと。できたものを買いますよという「お客さん」をつくらないこと。トゥルーCSAでやるなら、変な言い方ですが、みんなで食料を自給するという考え方で行ったほうがいいです。その意味では消費者が組織をつくって始めるほうがわかりやすいのです。

というのも生産者には生産者の家庭の事情があって、消費者とうまくつきあうことがむずかしいのです。農業でそれなりに収益を確保したいという気持ちがあるので、自分たちの経理内容を公表するのには二の足を踏むはずですから。仲間を集めるという点でも日本CSA協会ができて、「この地域でCSAを始めませんか?」などという情報発信ができるようになればという思いがあります。

③自分たちの力でやりきること

実際に農場を始めると、農場を維持・拡大するために労働力が必要になります。でも人を雇わないで自分たちの力でやりきることです。ここでも「雇われる人」はある意味で「お客さん」と共通したものだからです。どちらもお金で結びついているよそよそしい存在なのです。ここはまず、自給に徹して、やれる範囲で楽しむことです。

ところで、最初はみんな盛り上がっているので、人が来ますが、梅雨になって雨がじとじと降り出したり、蚊が出てきたり、梅雨明けでかんかん照りの日が続くようになると、人の出足も鈍くなり、いつの間にか畑は草ぼうぼうという状態になって、ますます人が来なくなってしまいます。

日本人って、熱しやすく冷めやすい、軽～い民族なのですから、そのへんを気をつけないといけません。1970年代に有吉佐和子著『複合汚染』が話題になり、日本じゅうに有機農業ブームが起きましたが、数年で消えてしまいました。地域通貨ブームしかり、ガーデニングブームしかり。私はそういうブームをリアルタイムで見てきましたので、このことを強く警告したいのです。

営農するうえでも、素人の人たちに農業の指導もできるCSA組織が欲しいところです。なないろ畑でも研修ができるので、ぜひCSA農場を立ち上げたいと考えている人はお越しください。いつでも大歓迎です。

④コミュニティをつくること

たぶんこれがトゥルーCSAを立ち上げたときに、いちばんむずかしい問題です。それはコミュニティをつくり、維持していくことです。人が集まれば、人と人とが出会うことになります。そのときにいい出会いとなればいいのですが、そうでない場合もあるということです。

最初はいい関係だったのが、壊れることもあります。この人間関係がおそらくビジネスCSAのような形態ではコミュニティの形成がなく、人間関係が希薄な、たんなる生産者と消費者の関係なら、起きてこないたぐいの問題です。

こういう人間関係が煩わしい人はトゥルーCSAをやらないほうがいいです。トゥルーCSAが広がらずに産直タイプのビジネスCSAが広がっている大きな理由の一つがそこにあるような気がします。

この人間関係をうまく扱えるようなスキルの養成も、CSA組織が講座などを開いて、協力できるようにしたいところです。

⑤労力を確保できる協同組合へ

これからはワーカーズ・コレクティブの仕組みを取り入れることも必要になってくるでしょう。農業は大事ですが、採算が合いません。やらなければいけないけれど儲からないので、普通の労働基準法に当てはめると最低賃金も出せないのが農業の分野でしょう。

近年、米価が下がってしまい、ある団体が試算したところだと、米づくり農家の一人当たりの時給は、なんと300円ぐらいにしかならないそうです。

CSA農場といえども例外ではありません。なないろ畑も農作業などの人件費の増加にずっと悩まされてきました。経営がむずかしいことの最大原因は人件費です。

本来、CSAは会員が労働力を提供することを求められているわけですが、現状では足りません。そのぶんを雇用労働で補うということをしてきましたが、限界に来ました。労働力を提供していただけない人は会費を値上げするということにします。

そして、農場で働く人たちを、ワーカーズ・コレクティブという労働者の協同組合にして「従業員はすべて経営者」というかたちにしたいと思います。

⑥有機野菜ファンを育てるために

収入低下に拍車をかけているのが、有機栽培農家同士が小さなパイを奪い合う厳しい競争をしていることです。既存の小さなパイを奪い合うことではなく、地域のなかで新たな有機栽培の野菜のファンを育てることが大切ではないでしょうか?

CSAにはそうした新たな有機農業のファンを地域密着で育てる力があります。地域ごとにCSAをどんどん立ち上げ、展開していく……そういう運動を支える拠点としてもCSAの組織が必要です。

CSAをめざす人は、いまだCSAの組織がないのですが、将来、CSAの組織を設立、運営し、高め合っていくことにも関心を持ってか

消費者、地域住民が参加するCSA農場に

かわっていただきたいのです。

⑦地域通貨にも取り組むこと

私たちのななくいろ畑の母体は地域通貨のグループでした。1997年の世界的な通貨危機を経て、このような一握りの強欲な金持ちの投機で、世界じゅうの経済が混乱し、食べ物も買えない状態に追い込まれることは許されません。庶民の怒りのなかから、「ではどうしたら良いのだろうか?」という問いかけのなかから発生したのが地域通貨運動です。その地域通貨運動の流れのなかから生まれたのが、なないろ畑なのです。

これまで述べたようにこれからはふたたび地域通貨が活躍する時代が来ると思います。地域のなかの人と人をつなげるツールとして地域通貨は重要なアイテムですし、CSA運動ときわめて親和性があるといえます。CSAをこれから始めようとする人は、地域通貨にも関心を持っていただきたいところです。

なないろ畑は、富裕層のために有機野菜をつくっているのではありません。手間のかかる有機野菜はどうしても高価にならざるをえません。普通の庶民には高嶺の花です。なないろ畑はそこをなんとか庶民が買える値段に下げて、普通の人が食べられるようにしたいと考えてきました。

もともと地域通貨という地域自給的な経済圏をつくろうとして出発した農場ですから、すきま産業としてビジネス的に儲けようなどという発想がありません。ブランド化して富裕層に売るという一般的な販売戦略を最初から放棄しています。なないろ畑は運動体なのです。

ふたたびCSAを問い直すにあたって

私はCSAという概念を拡大してしまうことは、ちょっともったいないように思います。

例えば産直タイプのやりとりは1970年代からあって今も続いていますし、流通業者の「産地直送」とか「産地指定」とかいうような販売方法までをもCSAということにしてしまうと、トゥルーCSAの画期的な意味が隠れてしまいます。従来の産直的な取り組みにたいしてふたたび光を当てるためにCSAという新しい看板をつけるのなら、なないろ畑のような取り組みは逆にその型にはまらず、はみ出してしまうかもしれません。

私自身は、20世紀の負の遺産を払拭《ふっしょく》して、21世紀はエコロジーの時代にしたくて学生時代から活動をしてきました。そのための第一歩として、農業の分野での実証的な試みとして、なないろ畑を始めたのです。

従来の農業のあり方ではなく、新しい時代の農業のあり方を探しているのです。CSAが当初持っていた画期的な新たな時代をつくり出す

視察者に CSA となないろ畑について説明する著者（右）

可能性を追求したいのです。従来の産直と区別するためにも、ＣＳＡという言葉を使っていきたいと思います。そうでなければＣＳＡのＣの字が意味するコミュニティの意味がなくなってしまうからです。

ＣＳＡのＣの字が、なないろ畑ではもう一つ意味を持ち始めていると思います。それがコーポラティブ cooperative のＣです。日本では協同組合と訳されている単語です。協同組合には農業協同組合や森林組合、生活協同組合、労働者協同組合などがあります。なないろ畑をこの今あげた協同組合の要素を全部持っている総合的な協同組合にしていきたいところです。

日本では協同組合というと、もう古くさいカビの生えた組織形態だといわれるかもしれません。でも、２０１２年は国連が「国際協同組合年」という年にして、協同組合がこれからの時代をつくる鍵であると宣言しています。

私たちのななかいろ畑の取り組みは、生活協同組合と農業協同組合を融合したような要素があります。ですから出発点の「とらぬ狸のいも債券」の券面には「とらぬ狸のいも畑」で使った「とらぬ農業協働組合」発行としてあります。わざと「協同」ではなく「協働」にしてあるのです。地域通貨などの研究家である森野榮一さんが、ななかいろ畑の状態をアルビン・トフラーのいう「生産消費者」の農場であると早い段階で指摘されています。

ななかいろ畑は地域通貨の運動から生まれてきました。地域通貨を使うことでまさに信用組合運動としての側面を持っています。さらに、これからの農場の働き方については、より徹底したワーカーズ・コレクティブ方式にしていこうと考えています。こうして眺めていけばトゥルーCSAづくりは、「総合的な協同組合」づくりの素地となっていく可能性があるのではないでしょうか?

協同組合の祖であるイギリスのロバート・オウエンのコミュニティ建設の試みから200年近くたちましたが、どこかにオウエンのような思いをもってななかいろ畑を育てていきたいと思います。

奇しくもイギリス産業革命の情け容赦のない資本主義社会のなかで必然的に協同組合が生まれてきたように、今日の新自由主義と称する強欲な資本主義がふたたび世界を席巻している時代に、協同組合が時代状況を打破する鍵となっていくことは必然であるといって過言ではありません。

その意味でもCSAは食と農を軸にコミュニティを形成することはもとより、ともすれば官僚主義的になってしまう協同組合を本来の姿に戻したり、協同組合の原点を問い直したりする場にもなるといえます。

◆主な参考・引用文献一覧

イヴァン・イリイチ『脱学校の社会』1977年　東京創元社
イヴァン・イリイチ『脱病院化社会』1979年　晶文社
トルストイ『イワンのばか』1966年　岩波書店
『トルストイ全集　第17巻　芸術論・教育論』1973年　河出書房新社
クロポトキン『相互扶助論』2017年　同時代社
クロポトキン『麵麭の略取』1960年　岩波書店
河野直践『食・農・環境の経済学』2005年　七つ森書館
河野直践『産消混合型協同組合』1998年　日本経済評論社
河野直践『協同組合入門』2006年　創森社
河野直践『人間復権の食・農・協同』2009年　創森社
エリザベス・ヘンダーソン、ロビン・ヴァンエン『CSA地域支援型農業の可能性』2008年　家の光協会
トーマス・ライソン『シビック・アグリカルチャー』2012年　農村統計出版
スーザン・ジョージ『オルターグローバリゼーション』2004年　作品社
槌田敦『「地球生態学」で暮らそう』2009年　ほたる出版
薄上秀夫『発酵肥料のつくり方・使い方』1995年　農文協
藤原俊六郎『堆肥のつくり方・使い方』2003年　農文協
井原豊『野菜のビックリ教室』1986年　農文協
井原豊『痛快ムギつくり』2000年　農文協
藤井平司『本物の野菜つくり』1979年　農文協
大平博四『有機農業農園の四季』1993年　七つ森書館
小祝政明『有機農業の肥料と堆肥』2008年　農文協
水口文夫『小力野菜つくり』1997年　農文協
木島利男『コンパニオンプランツで野菜づくり』2007年　主婦と生活社
根本久『天敵利用で農薬半減』2003年　農文協
古賀綱行『自然農薬で防ぐ病気と害虫』1989年　農文協
丸山武志『オーエンのユートピアと共生社会』1999年　ミネルヴァ書房
蔦谷栄一『農的社会をひらく』2016年　創森社
レイチェル・カーソン『沈黙の春』1974年　新潮社
スーザン・ジョージ『世界の半分はなぜ飢えるのか』1984年　朝日新聞社
ヘレン・コルディコット『核文明の恐怖』1979年　岩波書店
ナオミ・クライン『ショック・ドクトリン』2011年　岩波書店
石牟礼道子『苦海浄土』1975年　新潮社
有吉佐和子『複合汚染』1969年　講談社
堤未果『貧困大国アメリカ』2008年　岩波書店
桜井邦朋『眠りにつく太陽』2010年　祥伝社
賀川豊彦『乳と蜜の流るゝ郷』2009年　家の光協会
河邑厚徳『エンデの遺言』2002年　NHK出版
広田裕之『パン屋のお金とカジノのお金はどう違う?』2001年　オーエス出版
宮沢賢治『校本宮沢賢治全集』1976年　筑摩書房

解説　CSAの潮流となないろ畑農場

CSA研究会代表・三重大学大学院教授　波夛野 豪

CASの定義、実践の広がり

ご存じのように、CSAは世界で広がりを見せています。農場と消費者のつながり方（組織形態）をはじめとして、その実践方法は多様であり、参加者の思いもさまざまです。したがって、CSAとはなにか、という定義も実践の広がりとともに拡大しています。

この書籍では、日本では数少ないCSAの実践事例である「なないろ畑」のたどってきた経過と現状の到達点が、その主宰者の口から語られています。それによれば、現在のなないろ畑は「消費者参加型農場」であるとのことです。

米国をはじめとして、世界で取り組まれているCSAの特徴は「収穫物とそのコストだけでなく、栽培プロセスにおけるリスクもシェアする（生産者と消費者で分け合う）ために」、①生産者（農場）と消費者が直接に結びついていること、②消費者は年間契約に基づいて定期的に農場の産物を購入すること、③購入にあたっては農産物を農場がパッキングしたセット（詰め合わせ）のかたちで受け取り、その1シーズンぶんの代価を事前に支払うこと、④生産者だけでなく消費者も農場の運営（農作業だけでなく、収穫物の分配作業、資金繰りを含めた農場経営）にかかわること、などがあり、それらすべてを含んでいる事例と一部の特徴のみを有している事例があり、その度合いによって世界のＣＳＡの多様化がもたらされています。

したがって、かならずすべてのＣＳＡに当てはまる定義というものはいまだ示されておらず、以上のような「ある国、地域のＣＳＡの特徴」としてとらえることが現実的です。研究者のなかには、定義の未熟さに我慢できない人もいますが、実践にかかわるものとしては、それぞれの実践方法とその多様性をポジティブに評価しながら、定義が固まるどころか広がっていく現状を楽しみたいと思っています。

ただ、それぞれのＣＳＡの実践の過程においては、自分たちのやっていること、考えていることが広がっていきながら、同時に固まっていくものだろうとも思います。なないろ畑の実践はまさにそれで、そもそもは、公共の場である公園の落ち葉かきの活動があり、その落ち葉を堆肥にして、サツマイモを栽培し、収穫をみんなで分け合うことからお互いの関係が始まっています。その分け合いの仕組みとしてＣＳＡがぴったり当てはまった、やっていくうちに、ますますＣＳＡとしての特徴を発揮するようになっていったということでしょう。

ＣＡＳの源流は日本の産消提携だが

ＣＳＡの出発は、１９８６年に米国で始まった二つの農場であるとされており、現在は、農場の経営形態の一つとしてとらえられることが多くなっていますが、その直接の原型は、ドイツとスイスにあります。

ドイツはシュタイナーの提唱したバイオダイナミック農業（有機農法、自然農法の一種の循環型農業。運動団体はデメター）、スイスはミュラーの提唱した有機農業（運動団体はビオラント）が盛んですが、ＣＳＡの直接のヒントになったのは、スイスの産消共同農場だろうと考えられます。これは、消費者が協同組合（コーポラティブ）を形成して、農場を取得し、生産者を雇用して、もしくは、消費者が生産者となって農業を行い、会員に収穫物を提供するという形態です。

ＣＳＡの理念としては、生産者と消費者が平等の立場で農場と消費者とのやりとりを運営していくということでしょうが、初期の形態は、消費者が自分たちで食べるものを自分たちでなんとかするという形態であったわけです。その意味では、なないろ畑の「消費者参加型農場」はＣＳＡの原点に帰るものであるともいえます。

ＣＳＡの原点についての議論では、ＣＳＡの「源流」は日本の「産消提携（TEIKEI）」にあるというのが、世界のＣＳＡ関係者の認識となっています。

スイスの産消共同農場の場合は、その経験者が米国に渡って実践を広げたという意味で「原点」ですが、「提携が源流である」という議論は、ＣＳＡをやってみて世界の情報が入ってくるようになると、どうやら日本では１９７０年代の初頭から似たような活動が広がっていたらしい、ならば、ＣＳＡの活動の「源流」としてみんなで学ぶべきだろう、という展開を見せたと思われます。

ただ、その過程において「日本では生活クラブ生協という40万人規模の世界最大のＣＳＡ（TEIKEI）がある」という混乱した情報も広がっており、私の調査で赴《おもむ》いた米国でも欧州でも同様の質問を受けました。日本の生協でも産消提携運動は提唱されており、生産者と消費者をできるだけ近い関係として結びつけたいという理念に基づくものでしょうが、ＣＳＡにおける直接性とはかなり質が異なり、さすがにリスクシェアの考えにまでは到達していないと思います。

「消費者参加型農場」としてのなないろ畑の特徴と展開

なないろ畑の「消費者参加型農場」では、消費者が生産（農場運営）に携わるので、リスクは農場の会員同士でシェアすることになります。このシェアが均等分配ならばなんの問題もないのですが、運営に必要な作業をすべて均等にこなすことはできません。

会員それぞれが自分でできることをそれなりにこなして、全体が無理なく運営されていくというのは外部からは観察できるかもしれませんが、それぞれが質も量（時間）も異なる作業を分担して、全員が納得するやり方を考案していくというプロセスは、想像するだけでも大変な困難をともないます。しかし、その困難の真っ只中にあり、かつ、そうした摩擦熱がエネルギーとなって、現在のなないろ畑農場の魅力をつくりあげているのだろうとも思います。

ＣＳＡの実践はまだまだ国内では少ないですが、魅力的なやり方として多くの方が関心を持ち、「ＣＳＡ研究会」の参加者も徐々にふえてきました。年間購入契約、セット野菜、前払い、という方法だけにこだわらず、なないろ畑が実践している苦労と喜びからＣＳＡの楽しみを想像し、同時に、こうした実践が広がることでシェア、助け合いのさまざまな仕組みが各地で自生していく社会をこの本の読者とともに想像し、構想したいと思います。

小分けされた野菜セット

あとがき

昭和恐慌のあとの１９３０年ごろの東北地方で、『農民芸術概論綱要』を著し「羅須地人協会」を立ち上げた宮沢賢治という人をご存じでしょうか？　賢治のファンは多いと聞いていますが、では賢治の理想をともに追いかける人はどれほどいるのでしょうか？　賢治の描く「羅須地人協会」と私たちのなないろ畑ＣＳＡ農場が、私の心のなかではシンクロしています。強欲な資本主義はその後日本をどんどん戦争への道に引きずり込んでいきました。そしてその動きは１９４５年の敗戦で息の根を止められたかと思われました。ところがその反省もないまま、70年後の今日ふたたび強欲な資本主義が、戦争への道に人々を引き込もうとしています。私たちの生活の根底から考え直さないと、いつか来た道を進むことになります。生活を根底から考え直すというと、なにか抽象的ですが、まず基本である食べ物から考え直すことから出発しようではありませんか。

すべての人は食べなくては生きていけないのですから、その食べ物は共通の話題の土台です。農薬や食品添加物、遺伝子組み換え、食料主権、種子の独占、砂漠化する地球など話題には事欠きません。食べ物を中心に据えてコミュニティの輪を広げていくことができるのもＣＳＡ農場の魅力です。

しかし、日本ではまったくといってよいほどＣＳＡは知られていません。わずかな事例

花畑は地域の人気スポット

しかないからです。これまでなににも頼らずに冥府魔道ともいえる世界を「出たとこ勝負」で七転八倒しながら、なないろ畑をつくってきました。

でも、10年以上やってきて確信しています。CSAには可能性があるということです。それも、いろいろな可能性があります。この本を読んでいただきCSAに関心を持たれた方は、それぞれの方法で新しいかたちのCSAを生み出すことができるでしょう。たくさんの失敗もあるでしょうが、その倍以上のたくさんの素敵な成果もあるはずです。宮沢賢治は『農民芸術概論綱要』のなかで「求道すでに道である」といって、みんなが夢を持ち、それについて「ああでない、こうでもない」と議論することが大切な出発点であるといっています。

出版にさいし、これまでなないろ畑の活動にかかわってくださった会員やボランティア、スタッフのみなさんに「本書はみなさんの成果である」と記し、お礼申しあげます。また、CSA研究会代表の波夛野豪さん、事務局長の唐崎卓也さん、太平園芸代表の太平勝さんなど有機農業の実践者・関係者の方々、神奈川県農政担当の職員のみなさん、それに大木正さん（㈲大木牧場）、大木秀春さん、小谷田光威さんなど農地を貸してくださっているみなさん、長野県辰野町のNPO法人信州田舎暮らし研究所（有賀茂人代表）の方々、さらに版元である創森社の相場博也さんをはじめとする編集関係のみなさんにもお世話になりました。この場を借りて併せて謝意を表します。

著　者

■農業生産法人なないろ畑農場
〒242-0007 神奈川県大和市中央林間2-16-45
TEL & FAX 046-283-0339
http://nanairobatake.com
e-mail info@nanairobatake.com

虫害、鳥害に効果的なネットトンネル

●

デザイン——塩原陽子
ビレッジ・ハウス
まとめ協力——村田 央
写真協力——なないろ畑農場
樫山信也　ほか
校正——吉田 仁

●片柳義春（かたやなぎ よしはる）
農業生産法人なないろ畑（株）代表取締役。
1957年、東京・日本橋生まれ。慶応義塾大学文学部卒業。1982年、(一社)農文協に入会するも退職し、父親の経営する(株)日東工芸社を受け継ぎ、1990年から2008年まで代表取締役を務める。2002年、神奈川県のかながわ農業アカデミー中高年新規就農研修を受講。また、神奈川県中高年ホームファーマー事業に参加。地域住民とともに落ち葉堆肥を生かしてサツマイモ栽培を行う「とらたぬ農場」を開設。ボランティア募集のために地域通貨を活用する。
2003年に神奈川県大和市の認定就農者となり、市内に農地10aを借りて就農。生産した有機野菜を自然食品店に出荷したり、会員に頒布したりする。2006年、会員への精算作業を簡略化するため、年契約会員制に移行し、CSA農場（農地130a）となる。2010年に法人化し、出荷場での直売も開始。2011年から隣接する座間市、第2農場となる長野県辰野町の農地を確保し、会員である消費者、地域住民とともに約3haの農地で80種ほどの野菜などの生産、出荷、直売などを手がける。2014年、農林水産省「環境保全型農業推進コンクール（関東ブロック）」で受賞。CSA農場について恵泉女学園大学やかながわ農業アカデミーなどで講義したり、各方面からの視察者を受け入れたりしている。

〈解説執筆〉
波夛野 豪（はたの たけし） 1954年、京都府生まれ。三重大学大学院教授。CSA研究会代表。

消費者《しょうひしゃ》も育《そだ》つ農場《のうじょう》～CSAなないろ畑《ばたけ》の取《と》り組《く》みから～

2017年10月19日　第1刷発行

著　　者――片柳義春《かたやなぎよしはる》
発 行 者――相場博也
発 行 所――株式会社 創森社
〒162-0805 東京都新宿区矢来町96-4
TEL 03-5228-2270　FAX 03-5228-2410
http://www.soshinsha-pub.com
振替00160-7-770406
組　　版――有限会社 天龍社
印刷製本――中央精版印刷株式会社

落丁・乱丁本はおとりかえします。定価は表紙カバーに表示してあります。
 ISBN978-4-88340-318-9 C0061